·	0	1	2	3	4	5	6	7	8	9	10
5	0	5	10	15	20	25	30	35	40	45	50
10	0	10	20	30	40	50	60	70	80	90	100

AF288718

·	0	1	2	3	4	5	6	7	8	9	10
2	0	2	4	6	8	10	12	14	16	18	20
4	0	4	8	12	16	20	24	28	32	36	40
8	0	8	16	24	32	40	48	56	64	72	80

·	0	1	2	3	4	5	6	7	8	9	10
3	0	3	6	9	12	15	18	21	24	27	30
6	0	6	12	18	24	30	36	42	48	54	60
9	0	9	18	27	36	45	54	63	72	81	90

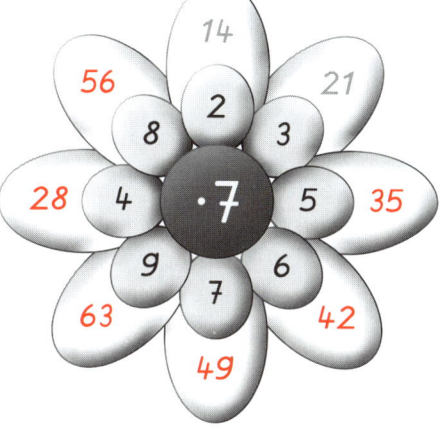

Maltabellen / Rechenblumen

Malreihen

· 5

0 · 5 =	0
1 · 5 =	5
2 · 5 =	10
3 · 5 =	15
4 · 5 =	20
5 · 5 =	25
6 · 5 =	30
7 · 5 =	35
8 · 5 =	40
9 · 5 =	45
10 · 5 =	50

15 =	3	· 5
10 =	2	· 5
5 =	1	· 5
20 =	4	· 5
25 =	5	· 5
30 =	6	· 5
35 =	7	· 5
50 =	10	· 5
45 =	9	· 5
40 =	8	· 5

15 : 5 =	3
5 : 5 =	1
10 : 5 =	2
25 : 5 =	5
20 : 5 =	4
50 : 5 =	10
40 : 5 =	8
30 : 5 =	6
45 : 5 =	9
0 : 5 =	0
35 : 5 =	7

· 3

0 · 3 =	0
1 · 3 =	3
2 · 3 =	6
3 · 3 =	9
4 · 3 =	12
5 · 3 =	15
6 · 3 =	18
7 · 3 =	21
8 · 3 =	24
9 · 3 =	27
10 · 3 =	30

12 =	4	· 3
15 =	5	· 3
18 =	6	· 3
21 =	7	· 3
3 =	1	· 3
6 =	2	· 3
9 =	3	· 3
24 =	8	· 3
27 =	9	· 3
30 =	10	· 3

3 : 3 =	1
12 : 3 =	4
6 : 3 =	2
9 : 3 =	3
18 : 3 =	6
27 : 3 =	9
0 : 3 =	0
15 : 3 =	5
24 : 3 =	8
30 : 3 =	10
21 : 3 =	7

3

 2 4 6 *8* *10* *12* *14* *16* *18* 20

 4 *8* *12* *16* *20* *24* *28* *32* *36* 40

2

1

·7

0 · 7 = 0	7 = 1 · 7	14 : 7 = 2
1 · 7 = 7	14 = 2 · 7	7 : 7 = 1
2 · 7 = 14	21 = 3 · 7	21 : 7 = 3
3 · 7 = 21		35 : 7 = 5
4 · 7 = 28	70 = 10 · 7	0 : 7 = 0
5 · 7 = 35	63 = 9 · 7	28 : 7 = 4
6 · 7 = 42	56 = 8 · 7	49 : 7 = 7
7 · 7 = 49	28 = 4 · 7	63 : 7 = 9
8 · 7 = 56	35 = 5 · 7	42 : 7 = 6
9 · 7 = 63	42 = 6 · 7	70 : 7 = 10
10 · 7 = 70	49 = 7 · 7	56 : 7 = 8

2

·8

0 · 8 = 0	80 = 10 · 8	16 : 8 = 2
1 · 8 = 8	72 = 9 · 8	8 : 8 = 1
2 · 8 = 16	64 = 8 · 8	32 : 8 = 4
3 · 8 = 24		40 : 8 = 5
4 · 8 = 32	32 = 4 · 8	24 : 8 = 3
5 · 8 = 40	40 = 5 · 8	0 : 8 = 0
6 · 8 = 48	48 = 6 · 8	56 : 8 = 7
7 · 8 = 56	56 = 7 · 8	64 : 8 = 8
8 · 8 = 64	24 = 3 · 8	48 : 8 = 6
9 · 8 = 72	16 = 2 · 8	80 : 8 = 10
10 · 8 = 80	8 = 1 · 8	72 : 8 = 9

3

 6 12 18 24 30 36 42 48 54 60

 9 18 27 36 45 54 63 72 81 90

1 (3) (4) (12)

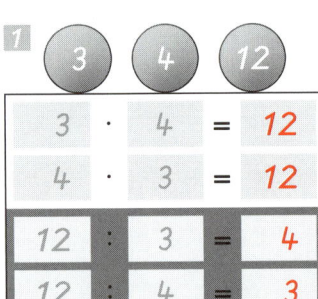

3	·	4	=	12
4	·	3	=	12
12	:	3	=	4
12	:	4	=	3

2 (2) (6) (12)

2	·	6	=	12
6	·	2	=	12
12	:	2	=	6
12	:	6	=	2

3 (2) (5) (10)

| 2 | · | 5 | = | 10 |
| 5 | · | 2 | = | 10 |
Andere Reihenfolge möglich
| 10 | : | 2 | = | 5 |
| 10 | : | 5 | = | 2 |

(2) (3) (6)

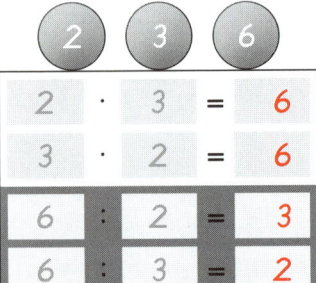

2	·	3	=	6
3	·	2	=	6
6	:	2	=	3
6	:	3	=	2

(4) (5) (20)

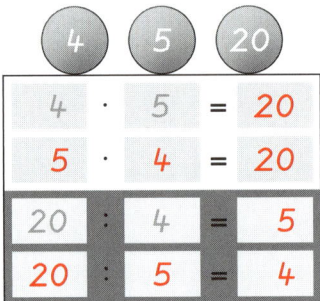

4	·	5	=	20
5	·	4	=	20
20	:	4	=	5
20	:	5	=	4

(5) (7) (35)

| 5 | · | 7 | = | 35 |
| 7 | · | 5 | = | 35 |
Andere Reihenfolge möglich
| 35 | : | 5 | = | 7 |
| 35 | : | 7 | = | 5 |

(3) (5) (15)

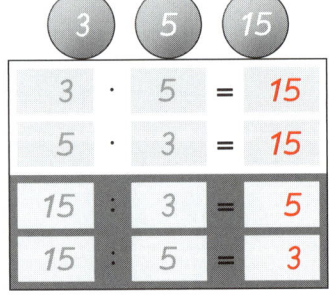

3	·	5	=	15
5	·	3	=	15
15	:	3	=	5
15	:	5	=	3

(3) (7) (21)

3	·	7	=	21
7	·	3	=	21
21	:	3	=	7
21	:	7	=	3

(6) (9) (54)

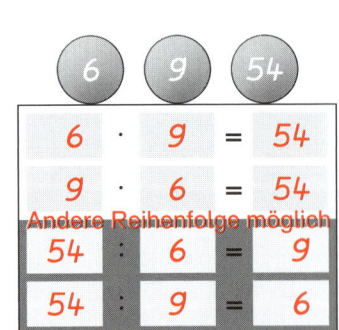

| 6 | · | 9 | = | 54 |
| 9 | · | 6 | = | 54 |
Andere Reihenfolge möglich
| 54 | : | 6 | = | 9 |
| 54 | : | 9 | = | 6 |

www.jandorfverlag.de

1 — ② ④ ⑧

| 2 | · | 4 | = | 8 |
| 4 | · | 2 | = | 8 |

Andere Reihenfolge möglich

| 8 | : | 2 | = | 4 |
| 8 | : | 4 | = | 2 |

2 — ⑦ ⑨ 63

| 7 | · | 9 | = | 63 |
| 9 | · | 7 | = | 63 |

Andere Reihenfolge möglich

| 63 | : | 7 | = | 9 |
| 63 | : | 9 | = | 7 |

3 — ⑤ ⑥ 30

| 5 | · | 6 | = | 30 |
| 6 | · | 5 | = | 30 |

Andere Reihenfolge möglich

| 30 | : | 5 | = | 6 |
| 30 | : | 6 | = | 5 |

③ ⑥ 18

| 3 | · | 6 | = | 18 |
| 6 | · | 3 | = | 18 |

Andere Reihenfolge möglich

| 18 | : | 3 | = | 6 |
| 18 | : | 6 | = | 3 |

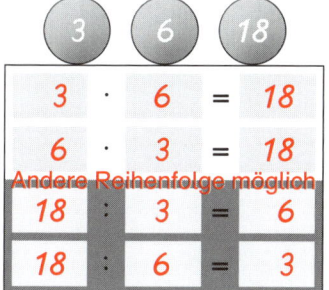

⑥ ⑦ 42

| 6 | · | 7 | = | 42 |
| 7 | · | 6 | = | 42 |

Andere Reihenfolge möglich

| 42 | : | 6 | = | 7 |
| 42 | : | 7 | = | 6 |

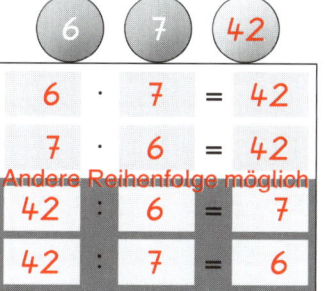

⑥ ⑧ 48

| 6 | · | 8 | = | 48 |
| 8 | · | 6 | = | 48 |

Andere Reihenfolge möglich

| 48 | : | 6 | = | 8 |
| 48 | : | 8 | = | 6 |

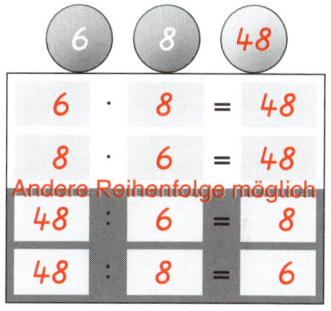

② ⑦ 14

| 2 | · | 7 | = | 14 |
| 7 | · | 2 | = | 14 |

Andere Reihenfolge möglich

| 14 | : | 2 | = | 7 |
| 14 | : | 7 | = | 2 |

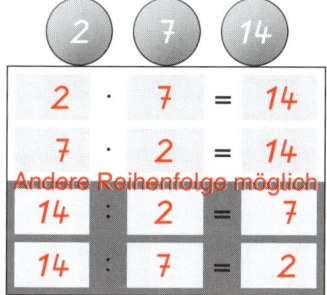

③ ⑧ 24

| 3 | · | 8 | = | 24 |
| 8 | · | 3 | = | 24 |

Andere Reihenfolge möglich

| 24 | : | 3 | = | 8 |
| 24 | : | 8 | = | 3 |

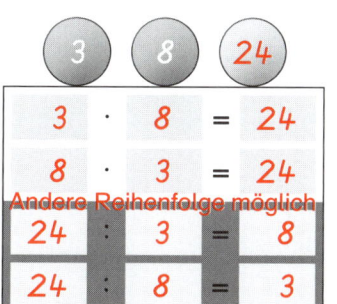

⑧ ⑨ 72

| 8 | · | 9 | = | 72 |
| 9 | · | 8 | = | 72 |

Andere Reihenfolge möglich

| 72 | : | 8 | = | 9 |
| 72 | : | 9 | = | 8 |

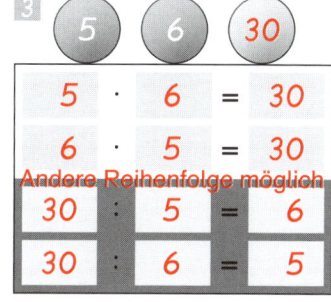

Umkehraufgaben

1

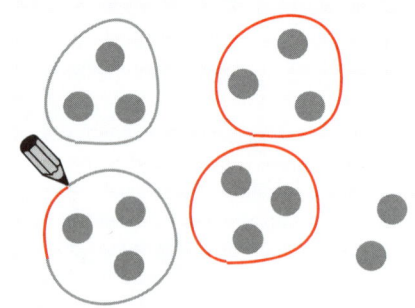
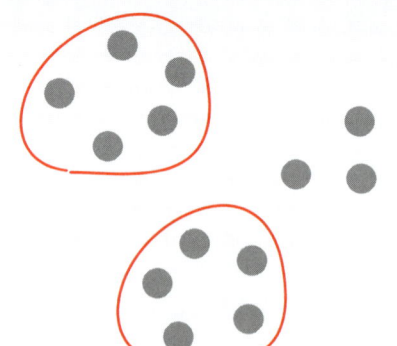

$13 : 4 = \boxed{3}$ Rest $\boxed{1}$

$14 : 3 = \boxed{4}$ Rest $\boxed{2}$

$13 : 5 = \boxed{2}$ Rest $\boxed{3}$

2

$5 : 2 = \boxed{2}$ R $\boxed{1}$
$4 : 2 = \boxed{2}$

$22 : 4 = \boxed{5}$ R $\boxed{2}$
$20 : 4 = \boxed{5}$

$10 : 4 = \boxed{2}$ R $\boxed{2}$
$8 : 4 = \boxed{2}$

$19 : 2 = \boxed{9}$ R $\boxed{1}$
$18 : 2 = \boxed{9}$

$19 : 5 = \boxed{3}$ R $\boxed{4}$
$15 : 5 = \boxed{3}$

$33 : 5 = \boxed{6}$ R $\boxed{3}$
$30 : 5 = \boxed{6}$

3

$22 : 6 = \boxed{3}$ R $\boxed{4}$
$18 : 6 = \boxed{3}$

$37 : 9 = \boxed{4}$ R $\boxed{1}$
$36 : 9 = \boxed{4}$

$43 : 8 = \boxed{5}$ R $\boxed{3}$
$40 : 8 = \boxed{5}$

$29 : 3 = \boxed{9}$ R $\boxed{2}$
$27 : 3 = \boxed{9}$

$26 : 3 = \boxed{8}$ R $\boxed{2}$
$24 : 3 = \boxed{8}$

$24 : 7 = \boxed{3}$ R $\boxed{3}$
$21 : 7 = \boxed{3}$

1

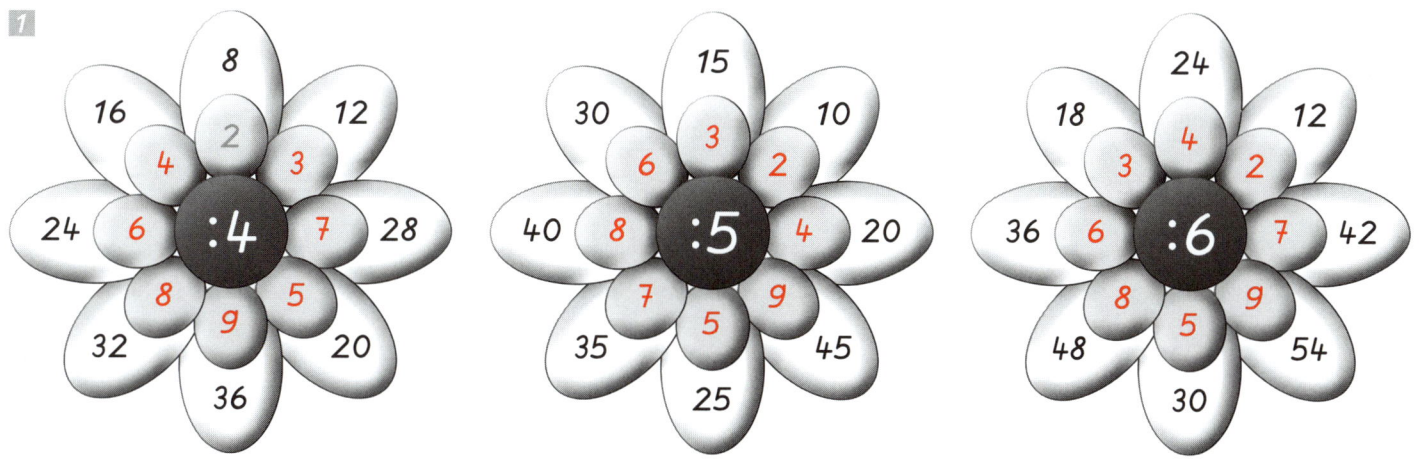

2

$5:4=$ *1* R *1*

$9:4=$ *2* R *1*

$13:4=$ *3* R *1*

$17:4=$ *4* R *1*

$21:4=$ *5* R *1*

$25:4=$ *6* R *1*

$29:4=$ *7* R *1*

$33:4=$ *8* R *1*

3

$6:5=$ *1* R *1*

$7:5=$ *1* R *2*

$8:5=$ *1* R *3*

$9:5=$ *1* R *4*

$11:5=$ *2* R *1*

$12:5=$ *2* R *2*

$13:5=$ *2* R *3*

$14:5=$ *2* R *4*

4

$8:6=$ *1* R *2*

$10:6=$ *1* R *4*

$14:6=$ *2* R *2*

$16:6=$ *2* R *4*

$20:6=$ *3* R *2*

$22:6=$ *3* R *4*

$26:6=$ *4* R *2*

$28:6=$ *4* R *4*

5

$19:2=$ *9* R *1*

$19:3=$ *6* R *1*

$19:4=$ *4* R *3*

$19:5=$ *3* R *4*

$19:6=$ *3* R *1*

$19:7=$ *2* R *5*

$19:8=$ *2* R *3*

$19:9=$ *2* R *1*

Rechnung	Verkürzte Schreibweise

$54 + 23 = $ 77

$54 + 20 = $ 74

$74 + \ \ 3 = $ 77

$54 \ \ + 23 = $ 77

74

1

$23 \ \ + 14 = $ 37
33

$15 \ \ + 13 = $ 28
25

$34 \ \ + 11 = $ 45
44

$36 \ \ + 23 = $ 59
56

$42 \ \ + 14 = $ 56
52

$31 \ \ + 33 = $ 64
61

$47 \ \ + 21 = $ 68
67

$64 \ \ + 15 = $ 79
74

$56 \ \ + 31 = $ 87
86

$72 \ \ + 24 = $ 96
92

$66 \ \ + 22 = $ 88
86

$51 \ \ + 42 = $ 93
91

2

$17 \ \ + 15 = $ 32
27

$24 \ \ + 17 = $ 41
34

$36 \ \ + 25 = $ 61
56

$27 \ \ + 26 = $ 53
47

$47 \ \ + 17 = $ 64
57

$35 \ \ + 36 = $ 71
65

$46 \ \ + 26 = $ 72
66

$65 \ \ + 27 = $ 92
85

$56 \ \ + 25 = $ 81
76

$47 \ \ + 37 = $ 84
77

$77 \ \ + 15 = $ 92
87

$58 \ \ + 37 = $ 95
88

www.jandorfverlag.de

	Rechnung		Verkürzte Schreibweise

$$56 - 34 = 22$$
$$56 - 30 = 26$$
$$26 - 4 = 22$$

$$56 - 34 = 22$$
$$26$$

1

27 – 12 = 15	35 – 21 = 14
17	15

45 – 24 = 21	67 – 22 = 45
25	47

36 – 13 = 23	96 – 32 = 64
26	66

54 – 23 = 31	87 – 41 = 46
34	47

63 – 11 = 52	97 – 26 = 71
53	77

47 – 25 = 22	74 – 51 = 23
27	24

2

32 – 14 = 18	52 – 17 = 35
22	42

43 – 16 = 27	82 – 34 = 48
33	52

41 – 25 = 16	74 – 45 = 29
21	34

64 – 26 = 38	95 – 16 = 79
44	85

55 – 27 = 28	83 – 27 = 56
35	63

73 – 36 = 37	91 – 22 = 69
43	71

Erst Zehner weg, dann Einer weg

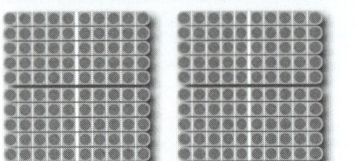 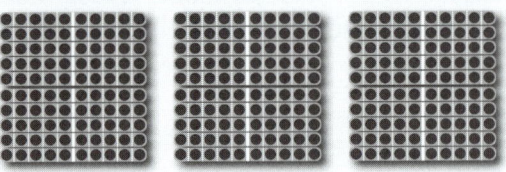

2 Hunderter + 3 Hunderter = 5 Hunderter

200 + 300 = 500

1

300 + 200 = 500	500 + 200 = 700	400 – 100 = 300	700 – 300 = 400
30 + 20 = 50	50 + 20 = 70	40 – 10 = 30	70 – 30 = 40
3 + 2 = 5	5 + 2 = 7	4 – 1 = 3	7 – 3 = 4

2

200 + 100 = 300	700 + 300 = 1000	500 – 400 = 100	800 – 600 = 200
20 + 10 = 30	70 + 30 = 100	50 – 40 = 10	80 – 60 = 20
2 + 1 = 3	7 + 3 = 10	5 – 4 = 1	8 – 6 = 2
400 + 300 = 700	100 + 800 = 900	600 – 200 = 400	1000 – 500 = 500
40 + 30 = 70	10 + 80 = 90	60 – 20 = 40	100 – 50 = 50
4 + 3 = 7	1 + 8 = 9	6 – 2 = 4	10 – 5 = 5
200 + 600 = 800	900 + 100 = 1000	900 – 300 = 600	900 – 700 = 200
20 + 60 = 80	90 + 10 = 100	90 – 30 = 60	90 – 70 = 20
2 + 6 = 8	9 + 1 = 10	9 – 3 = 6	9 – 7 = 2

www.jandorfverlag.de

1

$200 + 100 = \ 300$
$100 + 300 = \ 400$
$300 + 200 = \ 500$
$500 + 300 = \ 800$
$300 + 400 = \ 700$
$700 + 200 = \ 900$
$500 + 500 = \ 1000$
$400 + 200 = \ 600$
$800 + 100 = \ 900$
$600 + 400 = \ 1000$
$200 + 500 = \ 700$
$400 + 400 = \ 800$

2

$200 - 100 = \ 100$
$500 - 200 = \ 300$
$600 - 400 = \ 200$
$1000 - 300 = \ 700$
$800 - 300 = \ 500$
$1000 - 100 = \ 900$
$900 - 500 = \ 400$
$800 - 200 = \ 600$
$1000 - 200 = \ 800$
$400 - 400 = \ 0$
$900 - 600 = \ 300$
$700 - 300 = \ 400$

3

1000

800 +	200
900 +	100
500 +	500
700 +	300
300 +	700
600 +	400
0 +	1000
100 +	900
400 +	600
1000 +	0
200 +	800

1000

200	+ 800
100	+ 900
500	+ 500
300	+ 700
700	+ 300
400	+ 600
1000	+ 0
900	+ 100
600	+ 400
0	+ 1000
800	+ 200

4

1000	
200	800

1000	
100	900

1000	
400	600

1000	
600	400

1000	
800	200

1000	
700	300

1000	
500	500

1000	
1000	0

1000	
300	700

1000	
100	900

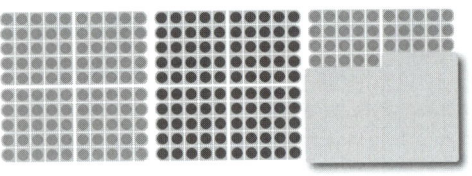

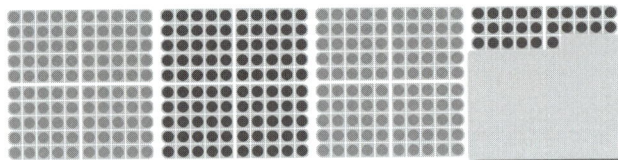

H	Z	E		Zahl
2	3	5		235

$$235 = 200 + 30 + 5$$

H	Z	E		Zahl
3	2	6		326

$$326 = 300 + 20 + 6$$

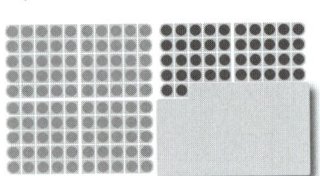

H	Z	E		Zahl
1	4	2		142

$$142 = 100 + 40 + 2$$

H	Z	E		Zahl
4	1	9		419

$$419 = 400 + 10 + 9$$

www.jandorfverlag.de

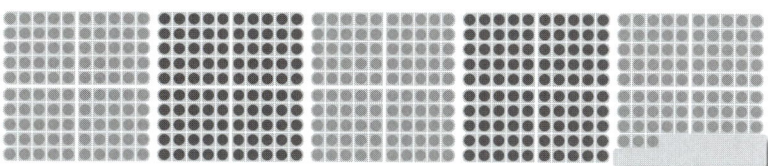

H	Z	E		Zahl
1	7	1		171

$$171 = 100 + 70 + 1$$

H	Z	E		Zahl
4	8	3		483

$$483 = 400 + 80 + 3$$

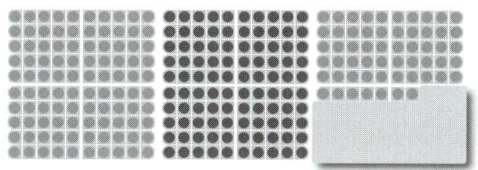

H	Z	E		Zahl
2	5	7		257

$$257 = 200 + 50 + 7$$

H	Z	E		Zahl
3	6	4		364

$$364 = 300 + 60 + 4$$

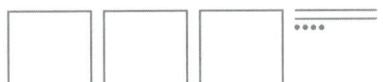

H	Z	E		Zahl
3	2	4		324

324 = 300 + 20 + 4

H	Z	E		Zahl
5	7	2		572

572 = 500 + 70 + 2

H	Z	E		Zahl
1	5	3		153

153 = 100 + 50 + 3

H	Z	E		Zahl
7	1	5		715

715 = 700 + 10 + 5

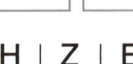

H	Z	E		Zahl
2	3	6		236

236 = 200 + 30 + 6

H	Z	E		Zahl
6	3	1		631

631 = 600 + 30 + 1

www.jandorfverlag.de

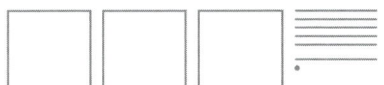

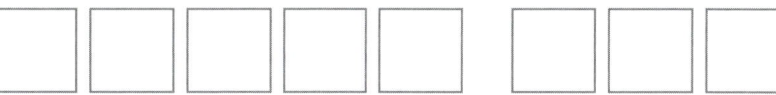

H	Z	E		Zahl
3	6	1		361

361 = 300 + 60 + 1

H	Z	E		Zahl
8	0	0		800

800 = 800 + 0 + 0

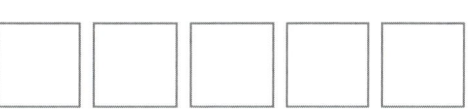

H	Z	E		Zahl
2	4	9		249

249 = 200 + 40 + 9

H	Z	E		Zahl
5	2	0		520

520 = 500 + 20 + 0

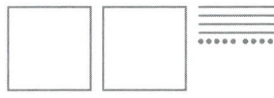

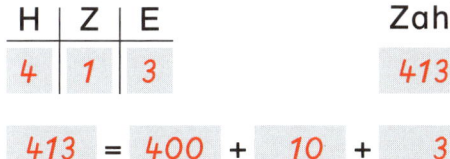

H	Z	E		Zahl
4	1	3		413

413 = 400 + 10 + 3

H	Z	E		Zahl
6	0	4		604

604 = 600 + 0 + 4

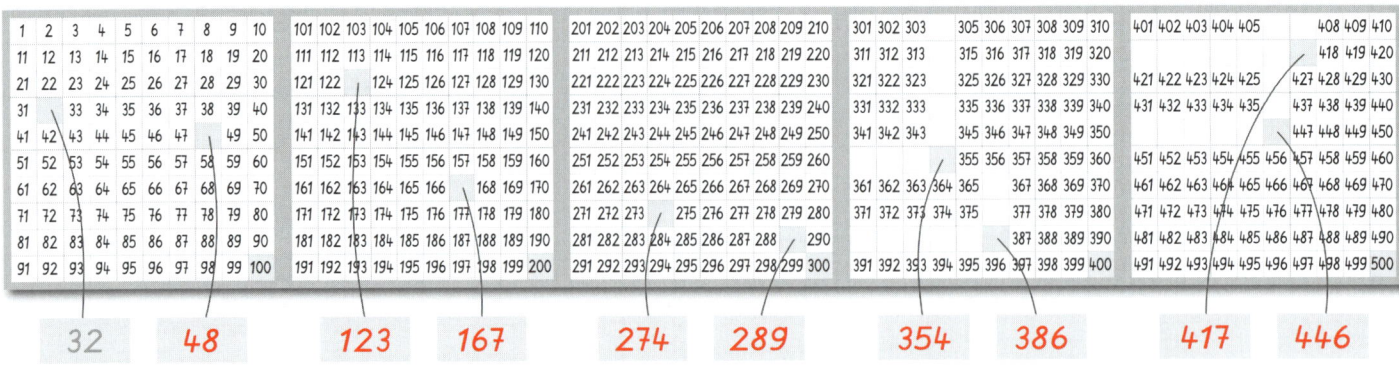

32 48 123 167 274 289 354 386 417 446

Ausschnitte aus dem Tausenderbuch. Trage die fehlenden Zahlen ein.

2

34	35	36

145	146	147

251	252	253

488	489	490

3

311	312	313	314	315	316	317	318	319	320

220	463	130	371	470	344	170	207
230	473	140	381	480	354	180	217
240	483	150	391	490	364	190	227

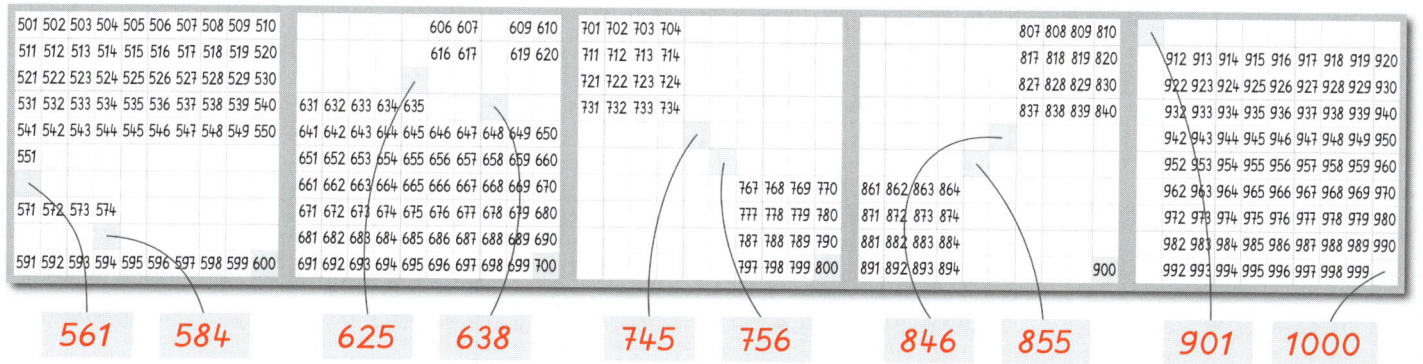

| 501 502 503 504 505 506 507 508 509 510 |
| 511 512 513 514 515 516 517 518 519 520 |
| 521 522 523 524 525 526 527 528 529 530 |
| 531 532 533 534 535 536 537 538 539 540 |
| 541 542 543 544 545 546 547 548 549 550 |
| 551 |
| |
| 571 572 573 574 |
| |
| 591 592 593 594 595 596 597 598 599 600 |

| | | 606 607 | | 609 610 |
| | | 616 617 | | 619 620 |
| 631 632 633 634 635 |
| 641 642 643 644 645 646 647 648 649 650 |
| 651 652 653 654 655 656 657 658 659 660 |
| 661 662 663 664 665 666 667 668 669 670 |
| 671 672 673 674 675 676 677 678 679 680 |
| 681 682 683 684 685 686 687 688 689 690 |
| 691 692 693 694 695 696 697 698 699 700 |

| 701 702 703 704 |
| 711 712 713 714 |
| 721 722 723 724 |
| 731 732 733 734 |
| 767 768 769 770 |
| 777 778 779 780 |
| 787 788 789 790 |
| 797 798 799 800 |

| 807 808 809 810 |
| 817 818 819 820 |
| 827 828 829 830 |
| 837 838 839 840 |
| 861 862 863 864 |
| 871 872 873 874 |
| 881 882 883 884 |
| 891 892 893 894 | 900 |

| 912 913 914 915 916 917 918 919 920 |
| 922 923 924 925 926 927 928 929 930 |
| 932 933 934 935 936 937 938 939 940 |
| 942 943 944 945 946 947 948 949 950 |
| 952 953 954 955 956 957 958 959 960 |
| 962 963 964 965 966 967 968 969 970 |
| 972 973 974 975 976 977 978 979 980 |
| 982 983 984 985 986 987 988 989 990 |
| 992 993 994 995 996 997 998 999 |

561 584   625 638   745 756   846 855   901 1000

Ausschnitte aus dem Tausenderbuch. Trage die fehlenden Zahlen ein.

 4

598	599	600

991	992	993	994	995	996	997	998	999	1000

724	725	726
734	735	736
744	745	746

661	662	663
671	672	673
681	682	683

518	
	529
	540

843	
	854
	865

1

300 > 200	710 < 730	399 < 411	123 > 122	822 > 282
340 < 350	990 > 980	601 > 589	123 = 123	282 > 228
352 > 351	980 < 990	498 < 510	122 < 123	228 < 822
351 = 351	770 = 770	302 > 288	122 < 132	822 = 822

2

200 + 100 < 500	400 – 200 > 100	400 > 100 + 200	100 < 600 – 400
300 + 200 > 300	900 – 300 > 400	600 = 200 + 400	200 < 900 – 500
400 + 300 = 700	700 – 400 < 500	800 < 500 + 500	500 > 1000 – 600
500 + 200 < 800	800 – 100 = 700	900 > 600 + 200	0 = 400 – 400

3

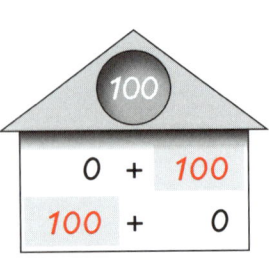

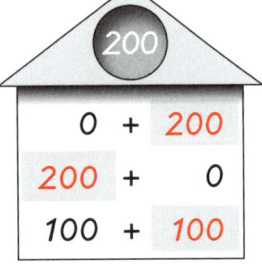

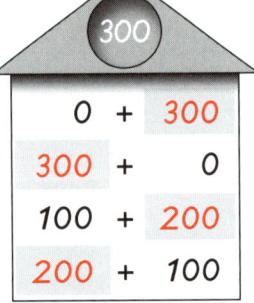

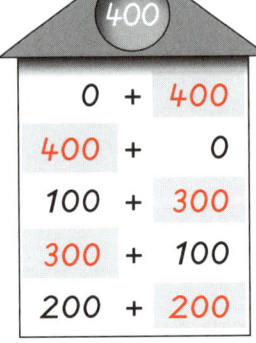

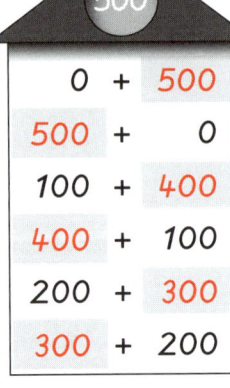

www.jandorfverlag.de

1

200 + 100	<	500 + 500	500 − 300	<	500 − 200	200 + 200	>	500 − 200
300 + 400	>	300 + 200	700 − 400	>	600 − 400	400 + 200	=	700 − 100
400 + 500	>	200 + 500	400 − 100	=	500 − 200	300 + 400	<	900 − 100
100 + 700	=	700 + 100	900 − 900	<	900 − 800	900 + 100	>	1000 − 600

2

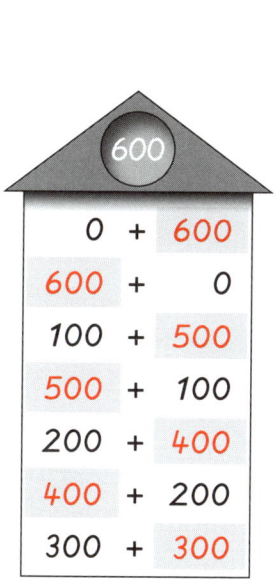

600

0 + 600
600 + 0
100 + 500
500 + 100
200 + 400
400 + 200
300 + 300

700

0 + 700
700 + 0
100 + 600
600 + 100
200 + 500
500 + 200
300 + 400
400 + 300

800

0 + 800
800 + 0
100 + 700
700 + 100
200 + 600
600 + 200
300 + 500
500 + 300
400 + 400

900

0 + 900
900 + 0
100 + 800
800 + 100
200 + 700
700 + 200
300 + 600
600 + 300
400 + 500
500 + 400

1000

0 + 1000
1000 + 0
100 + 900
900 + 100
200 + 800
800 + 200
300 + 700
700 + 300
400 + 600
600 + 400
500 + 500

<, >, = / Zahlenhäuser

1 Trage die Zahlen ein.

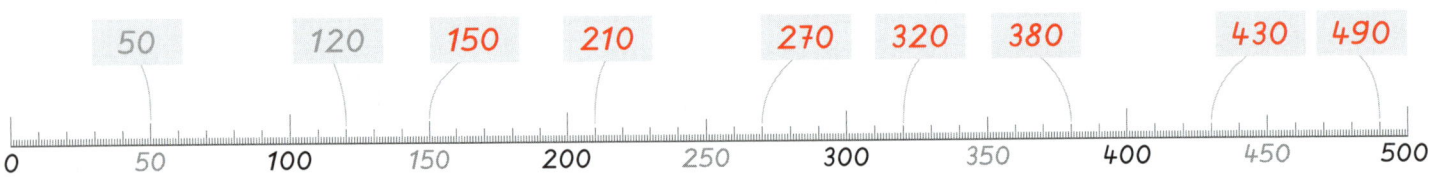

2 Verbinde.

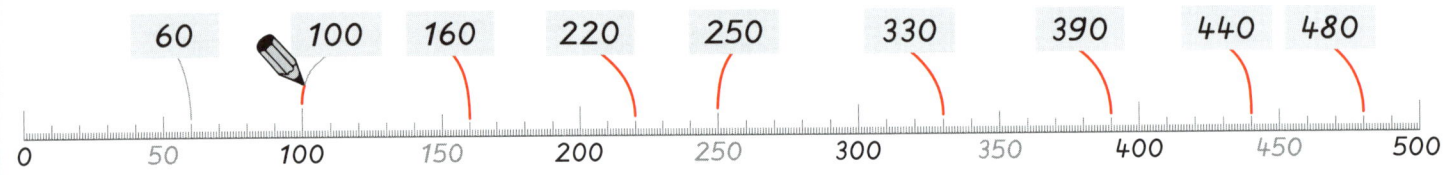

3 Trage Nachbarzehner und Nachbarhunderter ein.

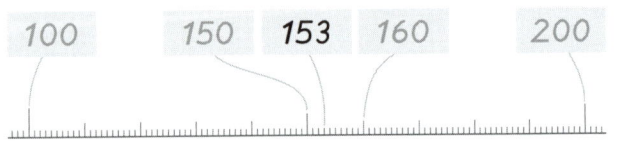

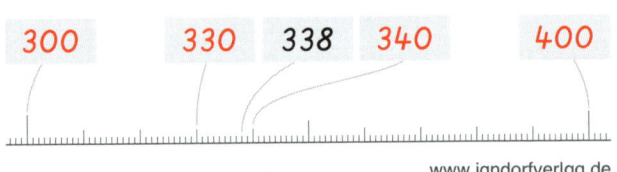

www.jandorfverlag.de

Zahlenstrahl

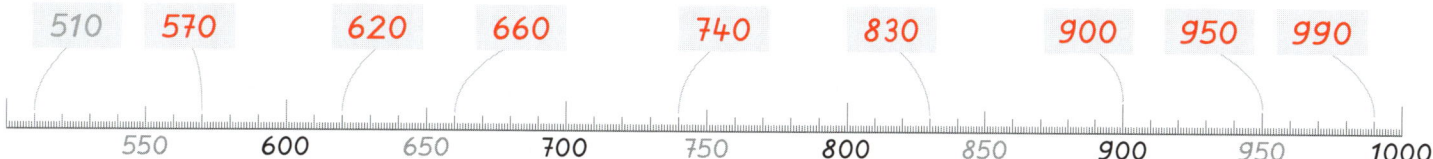

510 570 620 660 740 830 900 950 990

550 600 650 700 750 800 850 900 950 1000

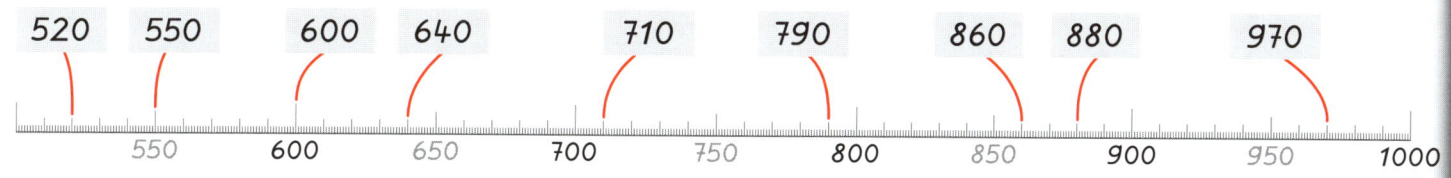

520 550 600 640 710 790 860 880 970

550 600 650 700 750 800 850 900 950 1000

900 940 947 950 1000

500 560 562 570 600

1 Trage Nachbarzehner und Nachbarhunderter ein.

300	320	328	330	400
200	210	214	220	300
500	580	587	590	600
400	430	436	440	500
800	850	853	860	900
100	170	171	180	200

600	640	645	650	700
300	310	319	320	400
800	820	822	830	900
400	450	456	460	500
700	730	731	740	800
500	560	568	570	600

2

$334 - 4 = 330$ $856 - 6 = 850$ $161 - 1 = 160$ $414 - 4 = 410$
$330 - 30 = 300$ $850 - 50 = 800$ $160 - 60 = 100$ $410 - 10 = 400$
$334 + 6 = 340$ $856 + 4 = 860$ $161 + 9 = 170$ $414 + 6 = 420$
$340 + 60 = 400$ $860 + 40 = 900$ $170 + 30 = 200$ $420 + 80 = 500$

$582 - 2 = 580$ $679 - 9 = 670$ $728 - 8 = 720$ $233 - 3 = 230$
$580 - 80 = 500$ $670 - 70 = 600$ $720 - 20 = 700$ $230 - 30 = 200$
$582 + 8 = 590$ $679 + 1 = 680$ $728 + 2 = 730$ $233 + 7 = 240$
$590 + 10 = 600$ $680 + 20 = 700$ $730 + 70 = 800$ $240 + 60 = 300$

1 Trage Nachbarzehner und Nachbarhunderter ein.

200	280	283	290	300	500	520	527	530	600
600	620	625	630	700	100	140	142	150	200
300	370	373	380	400	800	860	861	870	900
400	410	417	420	500	700	750	758	760	800
800	850	851	860	900	900	930	934	940	1000
700	760	762	770	800	900	960	966	970	1000

2

$836 - 6 = 830$ 　　$757 - 7 = 750$ 　　$943 - 3 = 940$ 　　$928 - 8 = 920$

$830 - 30 = 800$ 　$750 - 50 = 700$ 　$940 - 40 = 900$ 　$920 - 20 = 900$

$836 + 4 = 840$ 　$757 + 3 = 760$ 　$943 + 7 = 950$ 　$928 + 2 = 930$

$840 + 60 = 900$ 　$760 + 40 = 800$ 　$950 + 50 = 1000$ 　$930 + 70 = 1000$

$572 - 2 = 570$ 　　$689 - 9 = 680$ 　　$915 - 5 = 910$ 　　$961 - 1 = 960$

$570 - 70 = 500$ 　$680 - 80 = 600$ 　$910 - 10 = 900$ 　$960 - 60 = 900$

$572 + 8 = 580$ 　$689 + 1 = 690$ 　$915 + 5 = 920$ 　$961 + 9 = 970$

$580 + 20 = 600$ 　$690 + 10 = 700$ 　$920 + 80 = 1000$ 　$970 + 30 = 1000$

Welche Zahlen könnten es sein? Trage ein.

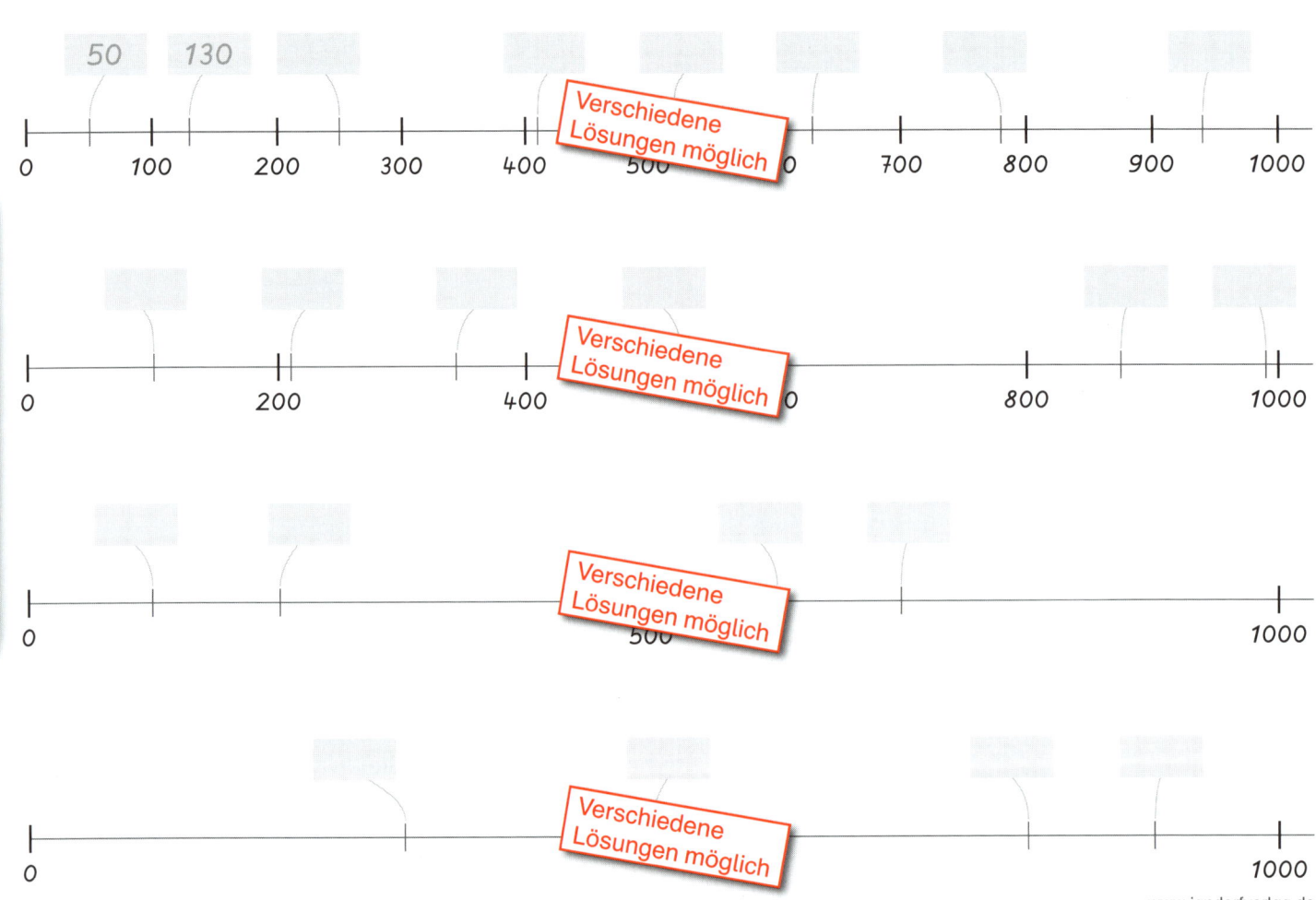

50   130

Verschiedene Lösungen möglich

0   100   200   300   400   500   ___   700   800   900   1000

Verschiedene Lösungen möglich

0   200   400   ___   800   1000

Verschiedene Lösungen möglich

0   500   1000

Verschiedene Lösungen möglich

0   1000

24

www.jandorfverlag.de

Kreuze an.

	ja	nein
579 hat 5 Hunderter, 7 Zehner und 9 Einer.	✗	
802 hat 8 Hunderter, 0 Zehner und 2 Einer.	✗	
264 hat mehr Hunderter als 263.		✗
400 kommt nach 399.	✗	
330 liegt zwischen 320 und 340.	✗	
Die Nachbarzehner von 333 sind 330 und 340.	✗	
Die Nachbarhunderter von 333 sind 100 und 500.		✗
433 ist größer als 343.	✗	
443 ist kleiner als 434.		✗
343 ist gleich 334.		✗

100 + 100 = **200**	200 + 200 = **400**	15 + 10 = **25**	24 + 10 = **34**
120 + 100 = **220**	210 + 200 = **410**	115 + 10 = **125**	124 + 10 = **134**
124 + 100 = **224**	212 + 200 = **412**	215 + 10 = **225**	524 + 10 = **534**
200 + 100 = **300**	200 + 300 = **500**	32 + 20 = **52**	23 + 50 = **73**
250 + 100 = **350**	240 + 300 = **540**	132 + 20 = **152**	123 + 50 = **173**
253 + 100 = **353**	241 + 300 = **541**	332 + 20 = **352**	423 + 50 = **473**
100 + 400 = **500**	200 + 400 = **600**	35 + 10 = **45**	47 + 20 = **67**
130 + 400 = **530**	270 + 400 = **670**	135 + 10 = **145**	147 + 20 = **167**
137 + 400 = **537**	275 + 400 = **675**	435 + 10 = **445**	647 + 20 = **667**
500 + 200 = **700**	400 + 500 = **900**	61 + 30 = **91**	29 + 50 = **79**
590 + 200 = **790**	430 + 500 = **930**	161 + 30 = **191**	129 + 50 = **179**
598 + 200 = **798**	436 + 500 = **936**	961 + 30 = **991**	829 + 50 = **879**
300 + 300 = **600**	500 + 300 = **800**	46 + 40 = **86**	28 + 60 = **88**
360 + 300 = **660**	580 + 300 = **880**	146 + 40 = **186**	128 + 60 = **188**
365 + 300 = **665**	589 + 300 = **889**	746 + 40 = **786**	928 + 60 = **988**

2

3

26   126   226   326   426   526   626   726   826   926

Ähnliche Aufgaben

1

14 + 3 =	17		21 + 1 =	22
114 + 3 =	117		121 + 1 =	122
214 + 3 =	217		221 + 1 =	222
32 + 2 =	34		45 + 2 =	47
132 + 2 =	134		145 + 2 =	147
332 + 2 =	334		645 + 2 =	647
54 + 1 =	55		91 + 5 =	96
154 + 1 =	155		191 + 5 =	196
454 + 1 =	455		591 + 5 =	596
63 + 5 =	68		72 + 6 =	78
163 + 5 =	168		172 + 6 =	178
863 + 5 =	868		972 + 6 =	978
81 + 4 =	85		62 + 7 =	69
181 + 4 =	185		162 + 7 =	169
681 + 4 =	685		762 + 7 =	769

2

+	300
200	500
270	570
275	575
375	675

+	400
300	700
320	720
328	728
428	828

+	700
100	800
150	850
152	852
252	952

3

+	20
23	43
123	143
223	243
323	343

+	50
37	87
137	187
337	387
537	587

+	80
16	96
116	196
416	496
716	796

4

+	3
14	17
114	117
214	217
414	417

+	6
32	38
132	138
332	338
632	638

+	8
61	69
161	169
461	469
861	869

Ähnliche Aufgaben

5

934 834 734 634 534 434 334 234 134 34

1

300 – 200 =	**100**	
350 – 200 =	**150**	
354 – 200 =	**154**	

400 – 200 =	**200**	
410 – 200 =	**210**	
415 – 200 =	**215**	

600 – 300 =	**300**	
640 – 300 =	**340**	
642 – 300 =	**342**	

500 – 100 =	**400**	
570 – 100 =	**470**	
573 – 100 =	**473**	

700 – 500 =	**200**	
760 – 500 =	**260**	
768 – 500 =	**268**	

800 – 300 =	**500**	
820 – 300 =	**520**	
826 – 300 =	**526**	

800 – 100 =	**700**	
890 – 100 =	**790**	
893 – 100 =	**793**	

700 – 400 =	**300**	
750 – 400 =	**350**	
751 – 400 =	**351**	

900 – 800 =	**100**	
930 – 800 =	**130**	
937 – 800 =	**137**	

900 – 300 =	**600**	
980 – 300 =	**680**	
989 – 300 =	**689**	

2

25 – 10 =	**15**	
125 – 10 =	**115**	
225 – 10 =	**215**	

41 – 20 =	**21**	
141 – 20 =	**121**	
341 – 20 =	**321**	

53 – 30 =	**23**	
153 – 30 =	**123**	
453 – 30 =	**423**	

78 – 30 =	**48**	
178 – 30 =	**148**	
578 – 30 =	**548**	

86 – 50 =	**36**	
186 – 50 =	**136**	
686 – 50 =	**636**	

92 – 20 =	**72**	
192 – 20 =	**172**	
792 – 20 =	**772**	

94 – 90 =	**4**	
194 – 90 =	**104**	
894 – 90 =	**804**	

73 – 10 =	**63**	
173 – 10 =	**163**	
673 – 10 =	**663**	

87 – 40 =	**47**	
187 – 40 =	**147**	
587 – 40 =	**547**	

99 – 60 =	**39**	
199 – 60 =	**139**	
999 – 60 =	**939**	

3

308 318 328 **338** **348** **358** 368 **378** **388** **398**

14 – 1 =	**13**	37 – 3 =	**34**
114 – 1 =	**113**	137 – 3 =	**134**
314 – 1 =	**313**	237 – 3 =	**234**
56 – 4 =	**52**	76 – 1 =	**75**
156 – 4 =	**152**	176 – 1 =	**175**
456 – 4 =	**452**	576 – 1 =	**575**
29 – 3 =	**26**	48 – 7 =	**41**
129 – 3 =	**126**	148 – 7 =	**141**
729 – 3 =	**726**	448 – 7 =	**441**
87 – 2 =	**85**	89 – 6 =	**83**
187 – 2 =	**185**	189 – 6 =	**183**
687 – 2 =	**685**	389 – 6 =	**383**
79 – 8 =	**71**	58 – 5 =	**53**
179 – 8 =	**171**	158 – 5 =	**153**
979 – 8 =	**971**	858 – 5 =	**853**

2

–	100
300	200
310	210
314	214
414	314

–	200
800	600
840	640
849	649
949	749

–	300
700	400
730	430
735	435
835	535

3

–	10
28	18
128	118
228	218
328	318

–	30
67	37
167	137
367	337
567	537

–	70
96	26
196	126
496	426
796	726

4

–	4
75	71
175	171
275	271
475	471

–	6
89	83
189	183
389	383
689	683

–	5
57	52
157	152
457	452
857	852

Ähnliche Aufgaben

5

597 · 587 · 577 · 567 · 557 · 547 · 537 · 527 · 517 · 507

Rechne in Schritten.

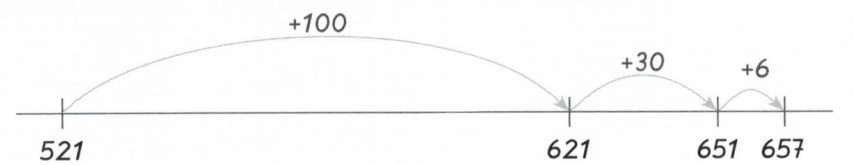

	+100	+30 +6
521	621	651 657

$$521 + 136 = 657$$

erst $521 + 100 = 621$
dann $621 + 30 = 651$
danach $651 + 6 = 657$

1

$253 + 114 = 367$
$253 + 100 = 353$
$353 + 10 = 363$
$363 + 4 = 367$

$122 + 121 = 243$
$122 + 100 = 222$
$222 + 20 = 242$
$242 + 1 = 243$

$347 + 131 = 478$
$347 + 100 = 447$
$447 + 30 = 477$
$477 + 1 = 478$

2

$342 + 243 = 585$
$342 + 200 = 542$
$542 + 40 = 582$
$582 + 3 = 585$

$216 + 212 = 428$
$216 + 200 = 416$
$416 + 10 = 426$
$426 + 2 = 428$

$412 + 342 = 754$
$412 + 300 = 712$
$712 + 40 = 752$
$752 + 2 = 754$

$354 + 325 = 679$
$354 + 300 = 654$
$654 + 20 = 674$
$674 + 5 = 679$

$765 + 231 = 996$
$765 + 200 = 965$
$965 + 30 = 995$
$995 + 1 = 996$

$621 + 236 = 857$
$621 + 200 = 821$
$821 + 30 = 851$
$851 + 6 = 857$

www.jandorfverlag.de

1

265 + 221 = 486

265 + 200 = 465
465 + 20 = 485
485 + 1 = 486

431 + 214 = 645

431 + 200 = 631
631 + 10 = 641
641 + 4 = 645

423 + 411 = 834

423 + 400 = 823
823 + 10 = 833
833 + 1 = 834

524 + 374 = 898

524 + 300 = 824
824 + 70 = 894
894 + 4 = 898

2

246 + 133 = 379

246 + 100 = 346
346 + 30 = 376
376 + 3 = 379

822 + 154 = 976

822 + 100 = 922
922 + 50 = 972
972 + 4 = 976

353 + 211 = 564

353 + 200 = 553
553 + 10 = 563
563 + 1 = 564

632 + 353 = 985

632 + 300 = 932
932 + 50 = 982
982 + 3 = 985

3

126 + 72 = 198

126 + 70 = 196
196 + 2 = 198

711 + 150 = 861

711 + 100 = 811
811 + 50 = 861

349 + 210 = 559

349 + 200 = 549
549 + 10 = 559

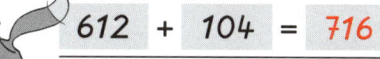

612 + 104 = 716

612 + 100 = 712
712 + 4 = 716

483 + 304 = 787

483 + 300 = 783
783 + 4 = 787

Rechne in Schritten.

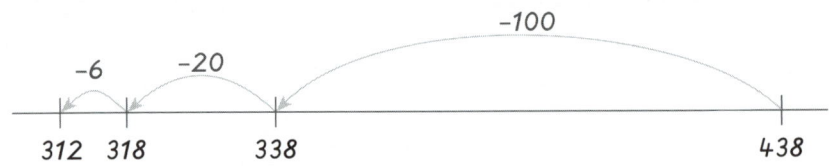

438 − 126 =	312	
erst 438 − 100 =	338	
dann 338 − 20 =	318	
danach 318 − 6 =	312	

1

465 − 312 = **153**

465 − 300 = 165

165 − 10 = 155

155 − 2 = 153

683 − 212 = **471**

683 − 200 = 483

483 − 10 = 473

473 − 2 = 471

849 − 624 = **225**

849 − 600 = 249

249 − 20 = 229

229 − 4 = 225

2

726 − 413 = 313

726 − 400 = 326

326 − 10 = 316

316 − 3 = 313

873 − 252 = 621

873 − 200 = 673

673 − 50 = 623

623 − 2 = 621

989 − 463 = 526

989 − 400 = 589

589 − 60 = 529

529 − 3 = 526

876 − 142 = 734

876 − 100 = 776

776 − 40 = 736

736 − 2 = 734

564 − 212 = 352

564 − 200 = 364

364 − 10 = 354

354 − 2 = 352

958 − 141 = 817

958 − 100 = 858

858 − 40 = 818

818 − 1 = 817

www.jandorfverlag.de

1

$343 - 212 = 131$

$343 - 200 = 143$
$143 - 10 = 133$
$133 - 2 = 131$

$758 - 324 = 434$

$758 - 300 = 458$
$458 - 20 = 438$
$438 - 4 = 434$

$485 - 123 = 362$

$485 - 100 = 385$
$385 - 20 = 365$
$365 - 3 = 362$

$876 - 436 = 440$

$876 - 400 = 476$
$476 - 30 = 446$
$446 - 6 = 440$

2

$476 - 251 = 225$

$476 - 200 = 276$
$276 - 50 = 226$
$226 - 1 = 225$

$867 - 245 = 622$

$867 - 200 = 667$
$667 - 40 = 627$
$627 - 5 = 622$

$987 - 531 = 456$

$987 - 500 = 487$
$487 - 30 = 457$
$457 - 1 = 456$

$589 - 276 = 313$

$589 - 200 = 389$
$389 - 70 = 319$
$319 - 6 = 313$

3

$934 - 23 = 911$

$934 - 20 = 914$
$914 - 3 = 911$

$847 - 120 = 727$

$847 - 100 = 747$
$747 - 20 = 727$

$679 - 460 = 219$

$679 - 400 = 279$
$279 - 60 = 219$

$785 - 202 = 583$

$785 - 200 = 585$
$585 - 2 = 583$

$968 - 107 = 861$

$968 - 100 = 868$
$868 - 7 = 861$

1

118 + 1 = 119	436 + 3 = 439	224 + 5 = 229
118 + 2 = 120	436 + 4 = 440	224 + 6 = 230
118 + 3 = 121	436 + 5 = 441	224 + 7 = 231

765 + 4 = 769	592 + 7 = 599	347 + 2 = 349
765 + 5 = 770	592 + 8 = 600	347 + 3 = 350
765 + 6 = 771	592 + 9 = 601	347 + 4 = 351

2

+	3	4	5
676	679	680	681

+	6	7	8
853	859	860	861

+	4	5	6
535	539	540	541

3

80 + 10 = 90	370 + 20 = 390	440 + 50 = 490
80 + 20 = 100	370 + 30 = 400	440 + 60 = 500
80 + 30 = 110	370 + 40 = 410	440 + 70 = 510

250 + 40 = 290	630 + 60 = 690	560 + 30 = 590
250 + 50 = 300	630 + 70 = 700	560 + 40 = 600
250 + 60 = 310	630 + 80 = 710	560 + 50 = 610

4

+	30	40	50
160	190	200	210

+	70	80	90
720	790	800	810

+	50	60	70
840	890	900	910

5

633 643 653 663 673 683 693 703 713 723

34

1

27 + 5 = 32	38 + 3 = 41	65 + 8 = 73	19 + 2 = 21	46 + 6 = 52
127 + 5 = 132	138 + 3 = 141	165 + 8 = 173	119 + 2 = 121	146 + 6 = 152
227 + 5 = 232	438 + 3 = 441	865 + 8 = 873	319 + 2 = 321	746 + 6 = 752

58 + 4 = 62	78 + 6 = 84	89 + 6 = 95	95 + 7 = 102	99 + 9 = 108
158 + 4 = 162	178 + 6 = 184	189 + 6 = 195	195 + 7 = 202	199 + 9 = 208
358 + 4 = 362	578 + 6 = 584	989 + 6 = 995	795 + 7 = 802	599 + 9 = 608

2

90 + 20 = 110	80 + 40 = 120	50 + 60 = 110	90 + 50 = 140
94 + 20 = 114	83 + 40 = 123	56 + 60 = 116	92 + 50 = 142
194 + 20 = 214	383 + 40 = 423	256 + 60 = 316	592 + 50 = 642

70 + 80 = 150	60 + 70 = 130	90 + 30 = 120	80 + 80 = 160
79 + 80 = 159	61 + 70 = 131	95 + 30 = 125	87 + 80 = 167
679 + 80 = 759	461 + 70 = 531	795 + 30 = 825	887 + 80 = 967

3

421　431　441　451　461　471　481　491　501　511

1

212 − 1 = **211**   645 − 4 = **641**   173 − 2 = **171**
212 − 2 = **210**   645 − 5 = **640**   173 − 3 = **170**
212 − 3 = **209**   645 − 6 = **639**   173 − 4 = **169**

597 − 6 = **591**   908 − 7 = **901**   764 − 3 = **761**
597 − 7 = **590**   908 − 8 = **900**   764 − 4 = **760**
597 − 8 = **589**   908 − 9 = **899**   764 − 5 = **759**

2

−	1	2	3
322	321	320	319

−	5	6	7
956	951	950	949

−	7	8	9
438	431	430	429

3

120 − 10 = **110**   740 − 30 = **710**   330 − 20 = **310**
120 − 20 = **100**   740 − 40 = **700**   330 − 30 = **300**
120 − 30 = **90**   740 − 50 = **690**   330 − 40 = **290**

850 − 40 = **810**   260 − 50 = **210**   470 − 60 = **410**
850 − 50 = **800**   260 − 60 = **200**   470 − 70 = **400**
850 − 60 = **790**   260 − 70 = **190**   470 − 80 = **390**

4

−	620	30	40
630	610	600	590

−	70	80	90
580	510	500	490

−	40	50	60
950	910	900	890

5

354 − 344 − 334 − 324 − 314 − 304 − 294 − 284 − 274 − 264

Nachbaraufgaben

36

1

12 − 3 = 9	23 − 6 = 17	51 − 5 = 46	95 − 7 = 88	34 − 8 = 26
112 − 3 = 109	123 − 6 = 117	151 − 5 = 146	195 − 7 = 188	134 − 8 = 126
212 − 3 = 209	323 − 6 = 317	951 − 5 = 946	695 − 7 = 688	734 − 8 = 726

41 − 2 = 39	61 − 7 = 54	72 − 4 = 68	23 − 8 = 15	82 − 9 = 73
141 − 2 = 139	161 − 7 = 154	172 − 4 = 168	123 − 8 = 115	182 − 9 = 173
541 − 2 = 539	461 − 7 = 454	672 − 4 = 668	823 − 8 = 815	382 − 9 = 373

2

120 − 30 = 90	110 − 20 = 90	140 − 80 = 60	120 − 50 = 70
125 − 30 = 95	114 − 20 = 94	146 − 80 = 66	128 − 50 = 78
225 − 30 = 195	414 − 20 = 394	846 − 80 = 766	528 − 50 = 478

140 − 60 = 80	140 − 90 = 50	120 − 40 = 80	110 − 70 = 40
143 − 60 = 83	141 − 90 = 51	127 − 40 = 87	112 − 70 = 42
343 − 60 = 283	741 − 90 = 651	927 − 40 = 887	612 − 70 = 542

3

765 • 755 • 745 • 735 • 725 • 715 • 705 • 695 • 685 • 675

1

346	+	243	=	589
346	+	200	=	546
546	+	40	=	586
586	+	3	=	589

151	+	123	=	274
151	+	100	=	251
251	+	20	=	271
271	+	3	=	274

263	+	221	=	484
263	+	200	=	463
463	+	20	=	483
483	+	1	=	484

383	+	312	=	695
383	+	300	=	683
683	+	10	=	693
693	+	2	=	695

2

215	+	138	=	353
215	+	100	=	315
315	+	30	=	345
345	+	8	=	353

487	+	451	=	938
487	+	400	=	887
887	+	50	=	937
937	+	1	=	938

538	+	344	=	882
538	+	300	=	838
838	+	40	=	878
878	+	4	=	882

761	+	166	=	927
761	+	100	=	861
861	+	60	=	921
921	+	6	=	927

3

416	+	125	=	541
416	+	100	=	516
516	+	20	=	536
536	+	5	=	541

642	+	274	=	916
642	+	200	=	842
842	+	70	=	912
912	+	4	=	916

489	+	286	=	775
489	+	200	=	689
689	+	80	=	769
769	+	6	=	775

589	+	379	=	968
589	+	300	=	889
889	+	70	=	959
959	+	9	=	968

www.jandorfverlag.de

1

679	–	521	=	158
679	–	500	=	179
179	–	20	=	159
159	–	1	=	158

545	–	224	=	321
545	–	200	=	345
345	–	20	=	325
325	–	4	=	321

948	–	132	=	816
948	–	100	=	848
848	–	30	=	818
818	–	2	=	816

985	–	342	=	643
985	–	300	=	685
685	–	40	=	645
645	–	2	=	643

2

594	–	218	=	376
594	–	200	=	394
394	–	10	=	384
384	–	8	=	376

238	–	166	=	72
238	–	100	=	138
138	–	60	=	78
78	–	6	=	72

365	–	138	=	227
365	–	100	=	265
265	–	30	=	235
235	–	8	=	227

847	–	253	=	594
847	–	200	=	647
647	–	50	=	597
597	–	3	=	594

3

982	–	549	=	433
982	–	500	=	482
482	–	40	=	442
442	–	9	=	433

738	–	145	=	593
738	–	100	=	638
638	–	40	=	598
598	–	5	=	593

943	–	584	=	359
943	–	500	=	443
443	–	80	=	363
363	–	4	=	359

612	–	387	=	225
612	–	300	=	312
312	–	80	=	232
232	–	7	=	225

Hunderter weg, Zehner weg, Einer weg

	Rechnung	Verkürzte Schreibweise

$$312 + 147 = 459$$

$312 + 100 = 412$	412
$412 + 40 = 452$	
$452 + 7 = 459$	

Verkürzte Schreibweise:

$$312 + 147 = 459$$

412   452

1

$142 + 121 = 263$
242   262

$325 + 232 = 557$
525   555

2

$725 + 142 = 867$
825   865

$345 + 236 = 581$
545   575

$243 + 131 = 374$
343   373

$412 + 227 = 639$
612   632

$468 + 214 = 682$
668   678

$574 + 312 = 886$
874   884

$271 + 223 = 494$
471   491

$261 + 123 = 384$
361   381

$354 + 131 = 485$
454   484

$261 + 256 = 517$
461   511

$322 + 313 = 635$
622   632

$513 + 113 = 626$
613   623

$573 + 373 = 946$
873   943

$512 + 137 = 649$
612   642

$612 + 126 = 738$
712   732

$423 + 325 = 748$
723   743

$432 + 365 = 797$
732   792

$558 + 429 = 987$
958   978

	Rechnung	Verkürzte Schreibweise

$$658 - 137 = \boxed{521}$$

$$658 - 100 = \boxed{558}$$
$$558 - \ \ 30 = \boxed{528}$$
$$528 - \ \ \ 7 = \boxed{521}$$

$$658 - 137 = \boxed{521}$$
$$\boxed{558} \quad \boxed{528}$$

1

$427 - 315 = \boxed{112}$
$\boxed{127} \quad \boxed{117}$

$479 - 132 = \boxed{347}$
$\boxed{379} \quad \boxed{349}$

$686 - 365 = \boxed{321}$
$\boxed{386} \quad \boxed{326}$

$789 - 254 = \boxed{535}$
$\boxed{589} \quad \boxed{539}$

$387 - 123 = \boxed{264}$
$\boxed{287} \quad \boxed{267}$

$487 - 136 = \boxed{351}$
$\boxed{387} \quad \boxed{357}$

$876 - 463 = \boxed{413}$
$\boxed{476} \quad \boxed{416}$

$596 - 124 = \boxed{472}$
$\boxed{496} \quad \boxed{476}$

$987 - 361 = \boxed{626}$
$\boxed{687} \quad \boxed{627}$

$898 - 331 = \boxed{567}$
$\boxed{598} \quad \boxed{568}$

2

$669 - 245 = \boxed{424}$
$\boxed{469} \quad \boxed{429}$

$954 - 128 = \boxed{826}$
$\boxed{854} \quad \boxed{834}$

$873 - 128 = \boxed{745}$
$\boxed{773} \quad \boxed{753}$

$856 - 743 = \boxed{113}$
$\boxed{156} \quad \boxed{116}$

$752 - 521 = \boxed{231}$
$\boxed{252} \quad \boxed{232}$

$438 - 176 = \boxed{262}$
$\boxed{338} \quad \boxed{268}$

$945 - 862 = \boxed{83}$
$\boxed{145} \quad \boxed{85}$

$786 - 432 = \boxed{354}$
$\boxed{386} \quad \boxed{356}$

$889 - 313 = \boxed{576}$
$\boxed{589} \quad \boxed{579}$

$984 - 649 = \boxed{335}$
$\boxed{384} \quad \boxed{344}$

1

·	5	50
0	0	0
1	5	50
2	10	100
3	15	150
4	20	200
5	25	250
6	30	300
7	35	350
8	40	400
9	45	450
10	50	500

·	2	20
0	0	0
1	2	20
2	4	40
3	6	60
4	8	80
5	10	100
6	12	120
7	14	140
8	16	160
9	18	180
10	20	200

·	4	40
0	0	0
1	4	40
2	8	80
3	12	120
4	16	160
5	20	200
6	24	240
7	28	280
8	32	320
9	36	360
10	40	400

·	8	80
0	0	0
1	8	80
2	16	160
3	24	240
4	32	320
5	40	400
6	48	480
7	56	560
8	64	640
9	72	720
10	80	800

2

Kreuze an.   ✗ 3·4 und 3·40 sind ähnliche Aufgaben.

⬤ 3·4 und 7·50 sind ähnliche Aufgaben.

✗ 3·4 kann mir bei der Aufgabe 3·40 helfen.

3·4 ♥ 3·40

3

5 ·   1 = 5   3 ·   1 = 3   8 ·   1 = 8   10 ·   1 = 10

5 · 10 = 50   3 · 10 = 30   8 · 10 = 80   10 · 10 = 100

5 · 100 = 500   3 · 100 = 300   8 · 100 = 800   10 · 100 = 1000

www.jandorfverlag.de

1

·	3	30
0	0	0
1	3	30
2	6	60
3	9	90
4	12	120
5	15	150
6	18	180
7	21	210
8	24	240
9	27	270
10	30	300

·	6	60
0	0	0
1	6	60
2	12	120
3	18	180
4	24	240
5	30	300
6	36	360
7	42	420
8	48	480
9	54	540
10	60	600

·	9	90
0	0	0
1	9	90
2	18	180
3	27	270
4	36	360
5	45	450
6	54	540
7	63	630
8	72	720
9	81	810
10	90	900

·	7	70
0	0	0
1	7	70
2	14	140
3	21	210
4	28	280
5	35	350
6	42	420
7	49	490
8	56	560
9	63	630
10	70	700

2

$2 \cdot 2 = 4$

$2 \cdot 20 = 40$

$2 \cdot 200 = 400$

$3 \cdot 2 = 6$

$3 \cdot 20 = 60$

$3 \cdot 200 = 600$

$3 \cdot 3 = 9$

$3 \cdot 30 = 90$

$3 \cdot 300 = 900$

$2 \cdot 4 = 8$

$2 \cdot 40 = 80$

$2 \cdot 400 = 800$

$4 \cdot 2 = 8$

$4 \cdot 20 = 80$

$4 \cdot 200 = 800$

$2 \cdot 3 = 6$

$2 \cdot 30 = 60$

$2 \cdot 300 = 600$

$2 \cdot 5 = 10$

$2 \cdot 50 = 100$

$2 \cdot 500 = 1000$

$5 \cdot 2 = 10$

$5 \cdot 20 = 100$

$5 \cdot 200 = 1000$

1

2 · 3 = 6	3 · 6 = 18	5 · 7 = 35	10 · 2 = 20	3 · 10 = 30
2 · 30 = 60	3 · 60 = 180	5 · 70 = 350	10 · 20 = 200	3 · 100 = 300
4 · 4 = 16	6 · 8 = 48	7 · 9 = 63	10 · 7 = 70	9 · 10 = 90
4 · 40 = 160	6 · 80 = 480	7 · 90 = 630	10 · 70 = 700	9 · 100 = 900
3 · 2 = 6	9 · 5 = 45	0 · 8 = 0	10 · 6 = 60	10 · 10 = 100
3 · 20 = 60	9 · 50 = 450	0 · 80 = 0	10 · 60 = 600	10 · 100 = 1000

2

2 · 2 = 4	3 · 4 = 12	5 · 9 = 45	3 · 10 = 30	10 · 8 = 80
20 · 2 = 40	30 · 4 = 120	50 · 9 = 450	30 · 10 = 300	100 · 8 = 800
4 · 5 = 20	7 · 6 = 42	4 · 8 = 32	8 · 10 = 80	10 · 5 = 50
40 · 5 = 200	70 · 6 = 420	40 · 8 = 320	80 · 10 = 800	100 · 5 = 500
6 · 3 = 18	8 · 8 = 64	6 · 0 = 0	9 · 10 = 90	10 · 10 = 100
60 · 3 = 180	80 · 8 = 640	60 · 0 = 0	90 · 10 = 900	100 · 10 = 1000

3

50 100 150 200 250 300 350 400 450 500

30 60 90 120 150 180 210 240 270 300

www.jandorfverlag.de

1

2 · 50 =	100	
3 · 50 =	150	
4 · 50 =	200	

4 · 40 =	160	
5 · 40 =	200	
6 · 40 =	240	

8 · 30 =	240	
9 · 30 =	270	
10 · 30 =	300	

5 · 70 =	350	
6 · 70 =	420	
7 · 70 =	490	

4 · 100 =	400	
5 · 100 =	500	
6 · 100 =	600	

4 · 80 =	320	
5 · 80 =	400	
6 · 80 =	480	

2 · 60 =	120	
3 · 60 =	180	
4 · 60 =	240	

8 · 100 =	800	
9 · 100 =	900	
10 · 100 =	1000	

2

2 · 60 =	120	
4 · 60 =	240	

4 · 100 =	400	
8 · 100 =	800	

3 · 40 =	120	
6 · 40 =	240	

5 · 80 =	400	
10 · 80 =	800	

3 · 70 =	210	
6 · 70 =	420	

4 · 50 =	200	
8 · 50 =	400	

3

6 · 100 =	600	
3 · 100 =	300	

8 · 30 =	240	
4 · 30 =	120	

6 · 50 =	300	
3 · 50 =	150	

8 · 60 =	480	
4 · 60 =	240	

4 · 80 =	320	
2 · 80 =	160	

10 · 70 =	700	
5 · 70 =	350	

4

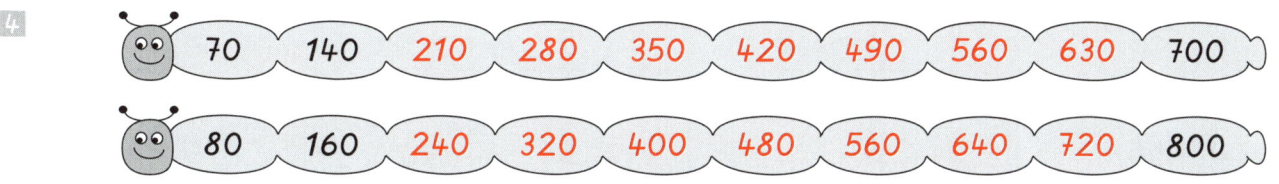

70   140   210   280   350   420   490   560   630   700

80   160   240   320   400   480   560   640   720   800

Halbschriftlich multiplizieren

$3 \cdot 12$

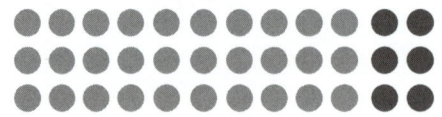

$3 \cdot 10$ $3 \cdot 2$

$3 \cdot 12 = 36$

$3 \cdot 10 = 30$

$3 \cdot 2 = 6$

1

$3 \cdot 13 = 39$

$3 \cdot 10 = 30$

$3 \cdot 3 = 9$

$2 \cdot 16 = 32$

$2 \cdot 10 = 20$

$2 \cdot 6 = 12$

2

$6 \cdot 16 = 96$

$6 \cdot 10 = 60$

$6 \cdot 6 = 36$

$6 \cdot 15 = 90$

$6 \cdot 10 = 60$

$6 \cdot 5 = 30$

$4 \cdot 12 = 48$

$4 \cdot 10 = 40$

$4 \cdot 2 = 8$

$5 \cdot 14 = 70$

$5 \cdot 10 = 50$

$5 \cdot 4 = 20$

$4 \cdot 17 = 68$

$4 \cdot 10 = 40$

$4 \cdot 7 = 28$

$8 \cdot 12 = 96$

$8 \cdot 10 = 80$

$8 \cdot 2 = 16$

$6 \cdot 13 = 78$

$6 \cdot 10 = 60$

$6 \cdot 3 = 18$

$4 \cdot 18 = 72$

$4 \cdot 10 = 40$

$4 \cdot 8 = 32$

$5 \cdot 18 = 90$

$5 \cdot 10 = 50$

$5 \cdot 8 = 40$

$7 \cdot 14 = 98$

$7 \cdot 10 = 70$

$7 \cdot 4 = 28$

Halbschriftliche Multiplikation

www.jandorfverlag.de

2 · 26 = 52			
2 · 20 = 40			
2 · 6 = 12			

1

2 · 26	=	52
2 · 20	=	40
2 · 6	=	12

3 · 28	=	84
3 · 20	=	60
3 · 8	=	24

2 · 34	=	68
2 · 30	=	60
2 · 4	=	8

4 · 21	=	84
4 · 20	=	80
4 · 1	=	4

3 · 32	=	96
3 · 30	=	90
3 · 2	=	6

2

4 · 24	=	96
4 · 20	=	80
4 · 4	=	16

5 · 35	=	175
5 · 30	=	150
5 · 5	=	25

7 · 23	=	161
7 · 20	=	140
7 · 3	=	21

6 · 43	=	258
6 · 40	=	240
6 · 3	=	18

4 · 65	=	260
4 · 60	=	240
4 · 5	=	20

3

5 · 82	=	410
5 · 80	=	400
5 · 2	=	10

8 · 36	=	288
8 · 30	=	240
8 · 6	=	48

7 · 64	=	448
7 · 60	=	420
7 · 4	=	28

4 · 83	=	332
4 · 80	=	320
4 · 3	=	12

6 · 72	=	432
6 · 70	=	420
6 · 2	=	12

4

3 · 87	=	261
3 · 80	=	240
3 · 7	=	21

5 · 68	=	340
5 · 60	=	300
5 · 8	=	40

8 · 57	=	456
8 · 50	=	400
8 · 7	=	56

7 · 82	=	574
7 · 80	=	560
7 · 2	=	14

8 · 85	=	680
8 · 80	=	640
8 · 5	=	40

Halbschriftliche Multiplikation

1

$5 \cdot 15 = 75$
$5 \cdot 10 = 50$
$5 \cdot 5 = 25$

$8 \cdot 12 = 96$
$8 \cdot 10 = 80$
$8 \cdot 2 = 16$

$7 \cdot 13 = 91$
$7 \cdot 10 = 70$
$7 \cdot 3 = 21$

$4 \cdot 28 = 112$
$4 \cdot 20 = 80$
$4 \cdot 8 = 32$

$3 \cdot 67 = 201$
$3 \cdot 60 = 180$
$3 \cdot 7 = 21$

2

$6 \cdot 35 = 210$
$6 \cdot 30 = 180$
$6 \cdot 5 = 30$

$7 \cdot 15 = 105$
$7 \cdot 10 = 70$
$7 \cdot 5 = 35$

$3 \cdot 37 = 111$
$3 \cdot 30 = 90$
$3 \cdot 7 = 21$

$6 \cdot 82 = 492$
$6 \cdot 80 = 480$
$6 \cdot 2 = 12$

$8 \cdot 78 = 624$
$8 \cdot 70 = 560$
$8 \cdot 8 = 64$

3

$7 \cdot 14 = 98$
$7 \cdot 10 = 70$
$7 \cdot 4 = 28$

$3 \cdot 38 = 114$
$3 \cdot 30 = 90$
$3 \cdot 8 = 24$

$8 \cdot 14 = 112$
$8 \cdot 10 = 80$
$8 \cdot 4 = 32$

$6 \cdot 85 = 510$
$6 \cdot 80 = 480$
$6 \cdot 5 = 30$

$7 \cdot 45 = 315$
$7 \cdot 40 = 280$
$7 \cdot 5 = 35$

4

$5 \cdot 52 = 260$
$5 \cdot 50 = 250$
$5 \cdot 2 = 10$

$4 \cdot 74 = 296$
$4 \cdot 70 = 280$
$4 \cdot 4 = 16$

$6 \cdot 37 = 222$
$6 \cdot 30 = 180$
$6 \cdot 7 = 42$

$8 \cdot 18 = 144$
$8 \cdot 10 = 80$
$8 \cdot 8 = 64$

$7 \cdot 71 = 497$
$7 \cdot 70 = 490$
$7 \cdot 1 = 7$

1

2	·	352	=	704
2	·	300	=	600
2	·	50	=	100
2	·	2	=	4

3	·	213	=	639
3	·	200	=	600
3	·	10	=	30
3	·	3	=	9

6	·	156	=	936
6	·	100	=	600
6	·	50	=	300
6	·	6	=	36

7	·	112	=	784
7	·	100	=	700
7	·	10	=	70
7	·	2	=	14

2

8	·	111	=	888
8	·	100	=	800
8	·	10	=	80
8	·	1	=	8

2	·	234	=	468
2	·	200	=	400
2	·	30	=	60
2	·	4	=	8

5	·	186	=	930
5	·	100	=	500
5	·	80	=	400
5	·	6	=	30

4	·	132	=	528
4	·	100	=	400
4	·	30	=	120
4	·	2	=	8

3

4	·	212	=	848
4	·	200	=	800
4	·	10	=	40
4	·	2	=	8

2	·	423	=	846
2	·	400	=	800
2	·	20	=	40
2	·	3	=	6

3	·	179	=	537
3	·	100	=	300
3	·	70	=	210
3	·	9	=	27

3	·	312	=	936
3	·	300	=	900
3	·	10	=	30
3	·	2	=	6

Halbschriftliche Multiplikation

1

19 · 2 = **38**	39 · 2 = **78**	29 · 4 = **116**	89 · 2 = **178**	99 · 2 = **198**
20 · 2 = **40**	40 · 2 = **80**	30 · 4 = **120**	90 · 2 = **180**	100 · 2 = **200**

29 · 3 = **87**	39 · 4 = **156**	19 · 8 = **152**	69 · 3 = **207**	89 · 6 = **534**
30 · 3 = **90**	40 · 4 = **160**	20 · 8 = **160**	70 · 3 = **210**	90 · 6 = **540**

19 · 4 = **76**	29 · 5 = **145**	59 · 5 = **295**	49 · 7 = **343**	99 · 4 = **396**
20 · 4 = **80**	30 · 5 = **150**	60 · 5 = **300**	50 · 7 = **350**	100 · 4 = **400**

2

Kreuze an.

X 19·3 hat das Ergebnis 57.

X 19·3 hat das gleiche Ergebnis wie 20·3−3.

X 20·3 kann mir bei der Aufgabe 19·3 helfen.

3

19 · 3 = **57**	29 · 6 = **174**	79 · 2 = **158**	49 · 6 = **294**	89 · 8 = **712**
20 · 3 = **60**	30 · 6 = **180**	80 · 2 = **160**	50 · 6 = **300**	90 · 8 = **720**

49 · 4 = **196**	39 · 3 = **117**	19 · 6 = **114**	69 · 7 = **483**	99 · 6 = **594**
50 · 4 = **200**	40 · 3 = **120**	20 · 6 = **120**	70 · 7 = **490**	100 · 6 = **600**

19 · 5 = **95**	49 · 5 = **245**	59 · 8 = **472**	79 · 9 = **711**	99 · 9 = **891**
20 · 5 = **100**	50 · 5 = **250**	60 · 8 = **480**	80 · 9 = **720**	100 · 9 = **900**

www.jandorfverlag.de

Überschlage und kreuze an.

1

$3 \cdot 67 =$ ✗ 201 / ◯ 301

$2 \cdot 78 =$ ◯ 226 / ✗ 156

$5 \cdot 85 =$ ◯ 515 / ✗ 425

$4 \cdot 55 =$ ✗ 220 / ◯ 180

$7 \cdot 46 =$ ✗ 322 / ◯ 402

$5 \cdot 57 =$ ✗ 285 / ◯ 205

$6 \cdot 54 =$ ✗ 324 / ◯ 404

2

$4 \cdot 76 =$ ◯ 404 / ✗ 304

$6 \cdot 48 =$ ◯ 228 / ✗ 288

$8 \cdot 53 =$ ✗ 424 / ◯ 384

$3 \cdot 87 =$ ✗ 261 / ◯ 341

$8 \cdot 42 =$ ◯ 216 / ✗ 336

$9 \cdot 34 =$ ✗ 306 / ◯ 456

$7 \cdot 63 =$ ◯ 541 / ✗ 441

3

$2 \cdot 168 =$ ◯ 536 / ✗ 336

$3 \cdot 217 =$ ✗ 651 / ◯ 451

$5 \cdot 118 =$ ✗ 590 / ◯ 790

$2 \cdot 236 =$ ◯ 272 / ✗ 472

$4 \cdot 124 =$ ◯ 696 / ✗ 496

$5 \cdot 133 =$ ✗ 665 / ◯ 265

$3 \cdot 145 =$ ✗ 435 / ◯ 135

4

$6 \cdot 126 =$ ✗ 756 / ◯ 956

$2 \cdot 327 =$ ◯ 854 / ✗ 654

$3 \cdot 324 =$ ✗ 972 / ◯ 872

$7 \cdot 142 =$ ◯ 542 / ✗ 994

$2 \cdot 465 =$ ✗ 930 / ◯ 665

$4 \cdot 217 =$ ✗ 868 / ◯ 668

$8 \cdot 123 =$ ◯ 584 / ✗ 984

Überschlagen

1

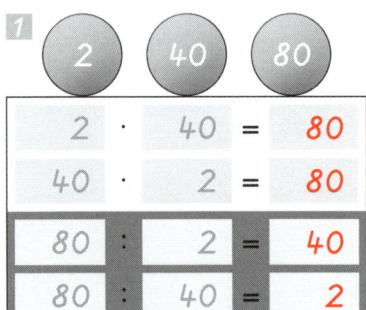

2	·	40	=	80
40	·	2	=	80
80	:	2	=	40
80	:	40	=	2

2

2	·	80	=	160
80	·	2	=	160
160	:	2	=	80
160	:	80	=	2

3

| 4 | · | 60 | = | 240 |
| 60 | · | 4 | = | 240 |

Andere Reihenfolge möglich

| 240 | : | 4 | = | 60 |
| 240 | : | 60 | = | 4 |

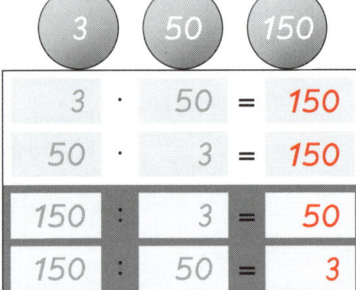

3	·	50	=	150
50	·	3	=	150
150	:	3	=	50
150	:	50	=	3

3	·	40	=	120
40	·	3	=	120
120	:	3	=	40
120	:	40	=	3

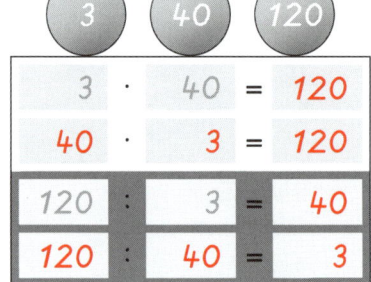

| 6 | · | 70 | = | 420 |
| 70 | · | 6 | = | 420 |

Andere Reihenfolge möglich

| 420 | : | 6 | = | 70 |
| 420 | : | 70 | = | 6 |

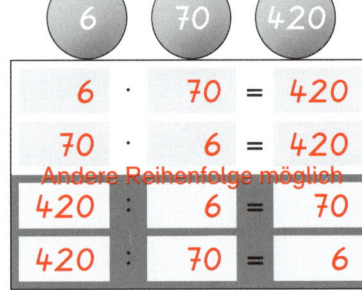

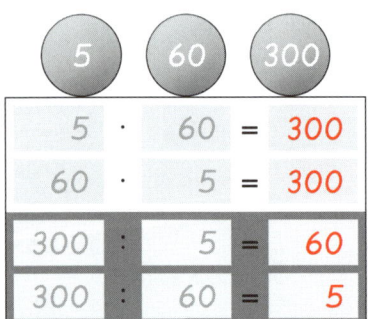

5	·	60	=	300
60	·	5	=	300
300	:	5	=	60
300	:	60	=	5

4	·	50	=	200
50	·	4	=	200
200	:	4	=	50
200	:	50	=	4

| 4 | · | 90 | = | 360 |
| 90 | · | 4 | = | 360 |

Andere Reihenfolge möglich

| 360 | : | 4 | = | 90 |
| 360 | : | 90 | = | 4 |

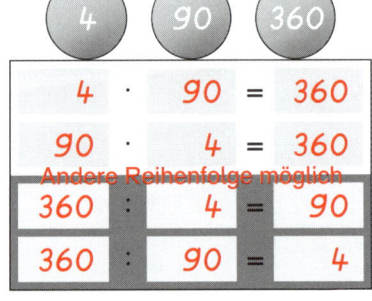

1

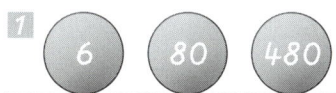

(6) (80) (480)

| 6 | · | 80 | = | 480 |
| 80 | · | 6 | = | 480 |

Andere Reihenfolge möglich

| 480 | : | 6 | = | 80 |
| 480 | : | 80 | = | 6 |

(5) (70) (350)

| 5 | · | 70 | = | 350 |
| 70 | · | 5 | = | 350 |

Andere Reihenfolge möglich

| 350 | : | 5 | = | 70 |
| 350 | : | 70 | = | 5 |

(8) (90) (720)

| 8 | · | 90 | = | 720 |
| 90 | · | 8 | = | 720 |

Andere Reihenfolge möglich

| 720 | : | 8 | = | 90 |
| 720 | : | 90 | = | 8 |

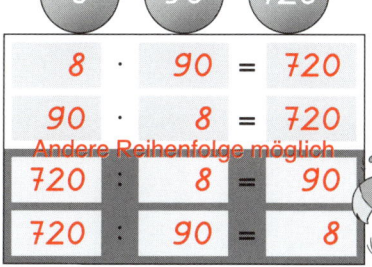

2

(3) (70) (210)

| 3 | · | 70 | = | 210 |
| 70 | · | 3 | = | 210 |

Andere Reihenfolge möglich

| 210 | : | 3 | = | 70 |
| 210 | : | 70 | = | 3 |

(7) (90) (630)

| 7 | · | 90 | = | 630 |
| 90 | · | 7 | = | 630 |

Andere Reihenfolge möglich

| 630 | : | 7 | = | 90 |
| 630 | : | 90 | = | 7 |

(7) (80) (560)

| 7 | · | 80 | = | 560 |
| 80 | · | 7 | = | 560 |

Andere Reihenfolge möglich

| 560 | : | 7 | = | 80 |
| 560 | : | 80 | = | 7 |

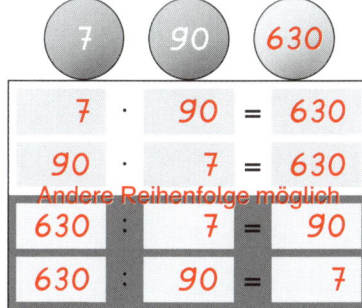

3

(3) (100) (300)

| 3 | · | 100 | = | 300 |
| 100 | · | 3 | = | 300 |

Andere Reihenfolge möglich

| 300 | : | 3 | = | 100 |
| 300 | : | 100 | = | 3 |

(7) (100) (700)

| 7 | · | 100 | = | 700 |
| 100 | · | 7 | = | 700 |

Andere Reihenfolge möglich

| 700 | : | 7 | = | 100 |
| 700 | : | 100 | = | 7 |

(8) (100) (800)

| 8 | · | 100 | = | 800 |
| 100 | · | 8 | = | 800 |

Andere Reihenfolge möglich

| 800 | : | 8 | = | 100 |
| 800 | : | 100 | = | 8 |

1

4 : 2 = 2	9 : 3 = 3	8 : 4 = 2	10 : 2 = 5
40 : 2 = 20	90 : 3 = 30	80 : 4 = 20	100 : 2 = 50
400 : 2 = 200	900 : 3 = 300	800 : 4 = 200	1000 : 2 = 500
6 : 2 = 3	8 : 2 = 4	6 : 3 = 2	10 : 5 = 2
60 : 2 = 30	80 : 2 = 40	60 : 3 = 20	100 : 5 = 20
600 : 2 = 300	800 : 2 = 400	600 : 3 = 200	1000 : 5 = 200

2

14 : 2 = 7	12 : 4 = 3	24 : 3 = 8	25 : 5 = 5	70 : 10 = 7
140 : 2 = 70	120 : 4 = 30	240 : 3 = 80	250 : 5 = 50	700 : 10 = 70
16 : 8 = 2	24 : 6 = 4	63 : 7 = 9	42 : 6 = 7	90 : 10 = 9
160 : 8 = 20	240 : 6 = 40	630 : 7 = 90	420 : 6 = 70	900 : 10 = 90
15 : 5 = 3	18 : 9 = 2	24 : 4 = 6	54 : 9 = 6	100 : 10 = 10
150 : 5 = 30	180 : 9 = 20	240 : 4 = 60	540 : 9 = 60	1000 : 10 = 100

3

:	4
32	8
320	80

:	6
36	6
360	60

:	5
45	9
450	90

:	9
72	8
720	80

:	7
35	5
350	50

1

250 : 5 =	50		160 : 8 =	20	
300 : 5 =	60		240 : 8 =	30	
350 : 5 =	70		320 : 8 =	40	

240 : 3 =	80		800 : 10 =	80	
270 : 3 =	90		900 : 10 =	90	
300 : 3 =	100		1000 : 10 =	100	

120 : 4 =	30		180 : 6 =	30	
160 : 4 =	40		240 : 6 =	40	
200 : 4 =	50		300 : 6 =	50	

180 : 9 =	20		140 : 7 =	20	
270 : 9 =	30		210 : 7 =	30	
360 : 9 =	40		280 : 7 =	40	

2

60 : 3 =	20	
120 : 3 =	40	

250 : 5 =	50	
500 : 5 =	100	

180 : 9 =	20	
360 : 9 =	40	

280 : 7 =	40	
560 : 7 =	80	

300 : 10 =	30	
600 : 10 =	60	

180 : 6 =	30	
360 : 6 =	60	

3

160 : 2 =	80	
80 : 2 =	40	

240 : 4 =	60	
120 : 4 =	30	

200 : 5 =	40	
100 : 5 =	20	

600 : 10 =	60	
300 : 10 =	30	

800 : 8 =	100	
400 : 8 =	50	

240 : 6 =	40	
120 : 6 =	20	

4

400 360 320 280 240 200 160 120 80 40

600 540 480 420 360 300 240 180 120 60

Halbschriftlich dividieren

36 : 3

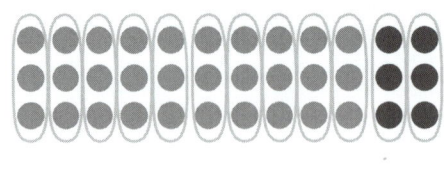

30 : 3   6 : 3

$$36 : 3 = 12$$
$$30 : 3 = 10$$
$$6 : 3 = 2$$

1

$$39 : 3 = 13$$
$$30 : 3 = 10$$
$$9 : 3 = 3$$

$$28 : 2 = 14$$
$$20 : 2 = 10$$
$$8 : 2 = 4$$

2

$$42 : 3 = 14$$
$$30 : 3 = 10$$
$$12 : 3 = 4$$

$$60 : 5 = 12$$
$$50 : 5 = 10$$
$$10 : 5 = 2$$

$$48 : 4 = 12$$
$$40 : 4 = 10$$
$$8 : 4 = 2$$

$$88 : 8 = 11$$
$$80 : 8 = 10$$
$$8 : 8 = 1$$

$$64 : 4 = 16$$
$$40 : 4 = 10$$
$$24 : 4 = 6$$

$$51 : 3 = 17$$
$$30 : 3 = 10$$
$$21 : 3 = 7$$

$$66 : 6 = 11$$
$$60 : 6 = 10$$
$$6 : 6 = 1$$

$$36 : 3 = 12$$
$$30 : 3 = 10$$
$$6 : 3 = 2$$

$$90 : 6 = 15$$
$$60 : 6 = 10$$
$$30 : 6 = 5$$

$$91 : 7 = 13$$
$$70 : 7 = 10$$
$$21 : 7 = 3$$

www.jandorfverlag.de

1

$75 : 5 = 15$

$50 : 5 = 10$

$25 : 5 = 5$

$72 : 4 = 18$

$40 : 4 = 10$

$32 : 4 = 8$

$48 : 3 = 16$

$30 : 3 = 10$

$18 : 3 = 6$

$78 : 6 = 13$

$60 : 6 = 10$

$18 : 6 = 3$

$32 : 2 = 16$

Verschiedene Lösungen möglich

2

$56 : 4 = 14$

Verschiedene Lösungen möglich

$72 : 6 = 12$

Verschiedene Lösungen möglich

$65 : 5 = 13$

Verschiedene Lösungen möglich

$38 : 2 = 19$

Verschiedene Lösungen möglich

$84 : 7 = 12$

Verschiedene Lösungen möglich

3

$45 : 3 = 15$

Verschiedene Lösungen möglich

$84 : 6 = 14$

Verschiedene Lösungen möglich

$96 : 8 = 12$

Verschiedene Lösungen möglich

$54 : 3 = 18$

Verschiedene Lösungen möglich

$80 : 5 = 16$

Verschiedene Lösungen möglich

4

$68 : 4 = 17$

Verschiedene Lösungen möglich

$98 : 7 = 14$

Verschiedene Lösungen möglich

$57 : 3 = 19$

Verschiedene Lösungen möglich

$96 : 6 = 16$

Verschiedene Lösungen möglich

$72 : 4 = 18$

Verschiedene Lösungen möglich

Halbschriftliche Division

1

26	:	2	=	13
20	:	2	=	10
6	:	2	=	3

46	:	2	=	23
40	:	2	=	20
6	:	2	=	3

2

33	:	3	=	11
30	:	3	=	10
3	:	3	=	1

63	:	3	=	21
60	:	3	=	20
3	:	3	=	1

93	:	3	=	31
90	:	3	=	30
3	:	3	=	1

3

44	:	4	=	11

Verschiedene Lösungen möglich

84	:	4	=	21
80	:	4	=	20
4	:	4	=	1

4

24	:	2	=	12

Verschiedene Lösungen möglich

44	:	2	=	22

Verschiedene Lösungen möglich

64	:	2	=	32

Verschiedene Lösungen möglich

5

36	:	3	=	12

Verschiedene Lösungen möglich

66	:	3	=	22

Verschiedene Lösungen möglich

6

28	:	2	=	14

Verschiedene Lösungen möglich

48	:	2	=	24

Verschiedene Lösungen möglich

68	:	2	=	34

Verschiedene Lösungen möglich

7

48	:	4	=	12

Verschiedene Lösungen möglich

88	:	4	=	22

Verschiedene Lösungen möglich

8

39	:	3	=	13

Verschiedene Lösungen möglich

69	:	3	=	23

Verschiedene Lösungen möglich

99	:	3	=	33

Verschiedene Lösungen möglich

1

$206 : 2 = 103$

$200 : 2 = 100$

$6 : 2 = 3$

$404 : 4 = 101$

Verschiedene Lösungen möglich

$510 : 5 = 102$

Verschiedene Lösungen möglich

$707 : 7 = 101$

Verschiedene Lösungen möglich

$315 : 3 = 105$

Verschiedene Lösungen möglich

2

$612 : 6 = 102$

Verschiedene Lösungen möglich

$210 : 2 = 105$

Verschiedene Lösungen möglich

$416 : 4 = 104$

Verschiedene Lösungen möglich

$327 : 3 = 109$

Verschiedene Lösungen möglich

$832 : 8 = 104$

Verschiedene Lösungen möglich

3

$954 : 9 = 106$

Verschiedene Lösungen möglich

$648 : 6 = 108$

Verschiedene Lösungen möglich

$535 : 5 = 107$

Verschiedene Lösungen möglich

$880 : 8 = 110$

Verschiedene Lösungen möglich

$735 : 7 = 105$

Verschiedene Lösungen möglich

1			

1
$25 : 5 = 5$ R 0
$26 : 5 = 5$ R 1
$27 : 5 = 5$ R 2

$36 : 6 = 6$ R 0
$37 : 6 = 6$ R 1
$38 : 6 = 6$ R 2

$21 : 7 = 3$ R 0
$22 : 7 = 3$ R 1
$23 : 7 = 3$ R 2

$18 : 9 = 2$ R 0
$19 : 9 = 2$ R 1
$20 : 9 = 2$ R 2

$40 : 8 = 5$ R 0
$42 : 8 = 5$ R 2
$44 : 8 = 5$ R 4

2
$30 : 3 = 10$ R 0
$31 : 3 = 10$ R 1
$32 : 3 = 10$ R 2

$40 : 4 = 10$ R 0
$42 : 4 = 10$ R 2
$43 : 4 = 10$ R 3

$50 : 5 = 10$ R 0
$53 : 5 = 10$ R 3
$54 : 5 = 10$ R 4

$60 : 6 = 10$ R 0
$64 : 6 = 10$ R 4
$65 : 6 = 10$ R 5

$70 : 7 = 10$ R 0
$75 : 7 = 10$ R 5
$76 : 7 = 10$ R 6

3
$120 : 4 = 30$ R 0
$121 : 4 = 30$ R 1
$122 : 4 = 30$ R 2

$250 : 5 = 50$ R 0
$251 : 5 = 50$ R 1
$253 : 5 = 50$ R 3

$240 : 6 = 40$ R 0
$241 : 6 = 40$ R 1
$244 : 6 = 40$ R 4

$420 : 7 = 60$ R 0
$421 : 7 = 60$ R 1
$425 : 7 = 60$ R 5

$640 : 8 = 80$ R 0
$641 : 8 = 80$ R 1
$646 : 8 = 80$ R 6

4
$300 : 3 = 100$ R 0
$301 : 3 = 100$ R 1
$302 : 3 = 100$ R 2

$700 : 7 = 100$ R 0
$705 : 7 = 100$ R 5
$706 : 7 = 100$ R 6

$500 : 5 = 100$ R 0
$503 : 5 = 100$ R 3
$504 : 5 = 100$ R 4

$900 : 9 = 100$ R 0
$907 : 9 = 100$ R 7
$908 : 9 = 100$ R 8

$600 : 6 = 100$ R 0
$604 : 6 = 100$ R 4
$605 : 6 = 100$ R 5

Überschlage und kreuze an.

1

$381 : 3 =$ ✗ 127
  ○ 227

$575 : 5 =$ ○ 15
  ✗ 115

$791 : 7 =$ ○ 13
  ✗ 113

$486 : 2 =$ ✗ 243
  ○ 343

$672 : 6 =$ ✗ 112
  ○ 12

$999 : 9 =$ ○ 11
  ✗ 111

$896 : 8 =$ ✗ 112
  ○ 12

2

$996 : 3 =$ ○ 132
  ✗ 332

$484 : 4 =$ ✗ 121
  ○ 221

$904 : 8 =$ ✗ 113
  ○ 13

$585 : 5 =$ ○ 17
  ✗ 117

$894 : 2 =$ ○ 347
  ✗ 447

$784 : 7 =$ ✗ 112
  ○ 12

$702 : 6 =$ ○ 17
  ✗ 117

3

$812 : 7 =$ ○ 16
  ✗ 116

$674 : 2 =$ ○ 437
  ✗ 337

$665 : 5 =$ ✗ 133
  ○ 33

$756 : 6 =$ ○ 26
  ✗ 126

$892 : 4 =$ ✗ 223
  ○ 123

$972 : 3 =$ ○ 124
  ✗ 324

$928 : 8 =$ ○ 16
  ✗ 116

4

$648 : 3 =$ ✗ 216
  ○ 316

$819 : 7 =$ ✗ 117
  ○ 17

$565 : 5 =$ ○ 13
  ✗ 113

$912 : 8 =$ ✗ 114
  ○ 14

$876 : 2 =$ ○ 138
  ✗ 438

$876 : 4 =$ ✗ 219
  ○ 119

$708 : 6 =$ ✗ 118
  ○ 18

Überschlagen

Schriftliche Addition
ohne Übertrag

H	Z	E
6	4	5
+ 2	3	1
8	7	6

↑ Start

H	Z	E
2	5	3
+ 1	2	1
3	7	4

↑ Start

H	Z	E
1	2	4
+ 3	6	2
4	8	6

↑ Start

H	Z	E
4	1	1
+ 2	1	3
6	2	4

↑ Start

2

H	Z	E
2	3	8
+ 6	2	1
8	5	9

↑ Start

H	Z	E
2	3	5
+ 2	4	3
4	7	8

↑ Start

H	Z	E
1	4	2
+ 1	3	7
2	7	9

↑ Start

H	Z	E
6	2	4
+ 1	4	4
7	6	8

↑ Start

H	Z	E
7	1	2
+ 2	4	1
9	5	3

↑ Start

3

H	Z	E
1	3	2
+ 3	3	6
4	6	8

H	Z	E
4	1	2
+ 3	5	3
7	6	5

H	Z	E
3	4	2
+ 2	5	1
5	9	3

H	Z	E
3	2	5
+ 3	6	2
6	8	7

H	Z	E
5	1	4
+ 4	3	2
9	4	6

Schriftliche Addition

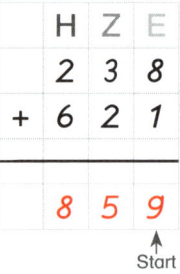
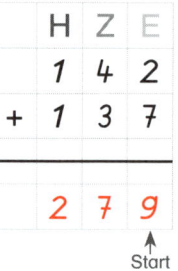

Schriftliche Addition
mit einem Übertrag

H	Z	E
6	4	5
+ 2	3	7
	1	
8	8	2

↑ Start

1

1	5	9
+ 1	3	2
		1
2	9	1

↑ Start

2	1	6
+ 1	4	6
		1
3	6	2

1	2	7
+ 4	5	7
		1
5	8	4

3	1	6
+ 1	6	5
		1
4	8	1

4	1	2
+ 2	3	9
		1
6	5	1

2	3	8
+ 1	4	8
		1
3	8	6

2

7	3	5
+ 2	4	8
	1	
9	8	3

4	3	9
+ 2	1	5
	1	
6	5	4

1	6	2
+ 3	8	5
		1
5	4	7

5	4	1
+ 3	8	7
	1	
9	2	8

1	4	8
+ 1	2	3
		1
2	7	1

3

2	9	3
+ 4	9	1
	1	
7	8	4

6	2	7
+ 1	6	8
		1
7	9	5

2	1	5
+ 3	7	6
		1
5	9	1

1	9	4
+ 1	3	1
	1	
3	2	5

1	5	2
+ 4	7	6
		1
6	2	8

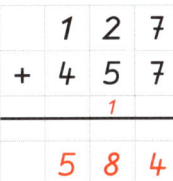

Schriftliche Addition
mit zwei Überträgen

```
  H  Z  E
  6  4  5
+ 2  8  7
  (1)(1)
  9  3  2
       ↑ Start
```

```
   1  9  8        2  9  8        3  7  6
+  1  4  3     +  1  2  8     +  2  6  5
      1  1           1  1           1  1
   3  4  1        4  2  6        6  4  1
        ↑
      Start
```

```
   3  7  6        2  8  5        1  3  5
+  4  7  9     +  2  5  6     +  2  9  8
      1  1           1  1           1  1
   8  5  5        5  4  1        4  3  3
```

Kreuze an.   ✗ Plus-Aufgaben nennt man Additions-Aufgaben.

✗ Beim schriftlichen Addieren beginne ich mit den Einern.

Beim schriftlichen Addieren beginne ich mit den Hundertern.

```
   2  8  4       1  8  8       2  6  4       7  3  5       4  5  8
+  5  3  7    +  3  6  4    +  4  5  9    +  1  8  6    +  2  9  7
      1  1          1  1          1  1          1  1          1  1
   8  2  1       5  5  2       7  2  3       9  2  1       7  5  5
```

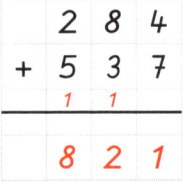

1

	1	6	4
+	1	0	3
	2	**6**	**7**

↑ Start

	3	0	2
+	2	1	5
	5	**1**	**7**

	2	3	0
+	4	6	2
	6	**9**	**2**

	2	6	0
+	1	7	0
1			
	4	**3**	**0**

	3	0	8
+	5	0	8
1			
	8	**1**	**6**

2

	3	9	4
+		6	2
	1		
	4	**5**	**6**

	2	5	3
+		7	6
	1		
	3	**2**	**9**

	1	7	6
+		7	2
	1		
	2	**4**	**8**

		8	5
+		9	3
	1		
	1	**7**	**8**

		9	4
+		4	7
	1	1	
	1	**4**	**1**

3

	2	3	4
+		5	5
	2	**8**	**9**

	6	2	5
+		7	3
	6	**9**	**8**

		6	2
+	5	1	3
	5	**7**	**5**

		4	5
+	8	2	9
	1		
	8	**7**	**4**

	9	3	6
+		2	8
	1		
	9	**6**	**4**

4

	1	7	4
+	1	3	2
	1		
	3	**0**	**6**

	3	1	2
+	2	4	8
	1		
	5	**6**	**0**

	1	1	3
+	2	9	4
	1		
	4	**0**	**7**

	2	5	9
+	4	4	6
	1	1	
	7	**0**	**5**

	6	3	8
+	1	6	5
	1	1	
	8	**0**	**3**

Schriftliche Subtraktion

 Deine Lehrerin oder dein Lehrer kreuzt an, wie du rechnest.

○ **Ergänzungsverfahren**

Ohne Übertrag	Ein Übertrag	Zwei Überträge

Ohne Übertrag

H	Z	E
8	6	4
− 3	3	2
5	3	2

↑ Start

Ein Übertrag

H	Z	E
8	6	4
− 3	3	8
		1
5	2	6

↑ Start

Zwei Überträge

H	Z	E
8	6	4
− 3	7	8
	1	1
4	8	6

↑ Start

○ **Abziehverfahren**

Ohne Entbündelung	Eine Entbündelung	Zwei Entbündelungen

Ohne Entbündelung

H	Z	E
8	6	4
− 3	3	2
5	3	2

↑ Start

Eine Entbündelung

H	Z	E
	5	14
8	6̶	4̶
− 3	3	8
5	2	6

↑ Start

Zwei Entbündelungen

H	Z	E
7	15	14
8̶	6̶	4̶
− 3	7	8
4	8	6

↑ Start

Schriftliche Subtraktion ohne Übertrag / Entbündelung

1

H	Z	E
5	7	4
− 1	4	2
4	3	2

Start

H	Z	E
8	2	7
− 6	1	3
2	1	4

Start

H	Z	E
3	9	6
− 2	5	4
1	4	2

Start

H	Z	E
9	5	7
− 4	2	6
5	3	1

Start

H	Z	E
7	9	8
− 3	5	1
4	4	7

Start

2

H	Z	E
7	5	4
− 6	1	2
1	4	2

H	Z	E
9	6	3
− 3	5	1
6	1	2

H	Z	E
8	7	6
− 4	3	5
4	4	1

H	Z	E
9	2	8
− 2	1	3
7	1	5

H	Z	E
6	4	9
− 3	2	5
3	2	4

3

H	Z	E
9	3	8
− 1	2	3
8	1	5

H	Z	E
6	7	4
− 4	2	3
2	5	1

H	Z	E
7	8	9
− 1	2	6
6	6	3

H	Z	E
8	6	9
− 6	3	2
2	3	7

H	Z	E
7	6	7
− 2	3	5
5	3	2

Schriftliche Subtraktion

Schriftliche Subtraktion mit einem Übertrag

1

	8	6	3
−	3	1	6
	5	**4**	**7**

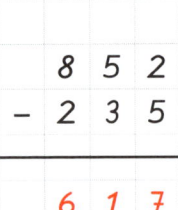
Start

	7	8	1
−	6	4	4
	1	**3**	**7**

	5	7	4
−	2	3	8
	3	**3**	**6**

	6	8	3
−	2	1	9
	4	**6**	**4**

	9	5	2
−	1	3	6
	8	**1**	**6**

2

	5	6	8
−	1	8	3
	3	**8**	**5**

	7	9	1
−	2	4	9
	5	**4**	**2**

	9	1	7
−	1	8	4
	7	**3**	**3**

	6	8	1
−	2	5	5
	4	**2**	**6**

	9	8	2
−	3	4	9
	6	**3**	**3**

3

	8	5	2
−	2	3	5
	6	**1**	**7**

	9	2	8
−	5	8	3
	3	**4**	**5**

	6	4	8
−	3	7	6
	2	**7**	**2**

	5	9	1
−	4	2	6
	1	**6**	**5**

	7	8	2
−	3	4	5
	4	**3**	**7**

Wegen verschiedener möglicher Verfahren sind Überträge oder Entbündelungen nicht angegeben.

1

	5	3	1
−	3	5	6
	1	**7**	**5**

↑ Start

	8	2	4
−	2	5	7
	5	**6**	**7**

	7	3	2
−	4	7	6
	2	**5**	**6**

	6	3	1
−	4	3	9
	1	**9**	**2**

	5	2	2
−	1	5	8
	3	**6**	**4**

2 Kreuze an.

☒ Minus-Aufgaben nennt man Subtraktions-Aufgaben.

◯ Beim schriftlichen Subtrahieren beginne ich mit den Hundertern.

☒ Beim schriftlichen Subtrahieren beginne ich mit den Einern.

3

	6	2	2
−	3	3	9
	2	**8**	**3**

	8	3	1
−	1	7	5
	6	**5**	**6**

	7	3	1
−	5	5	8
	1	**7**	**3**

	9	4	1
−	1	8	2
	7	**5**	**9**

	6	8	2
−	1	8	7
	4	**9**	**5**

4

	9	2	2
−	2	4	8
	6	**7**	**4**

	8	2	3
−	3	6	4
	4	**5**	**9**

	6	4	6
−	2	6	8
	3	**7**	**8**

	7	4	1
−	5	4	3
	1	**9**	**8**

	9	3	1
−	4	8	5
	4	**4**	**6**

Schriftliche Subtraktion

Probe beim Subtrahieren

Das Ergebnis einer Subtraktionsaufgabe kannst du mit der Umkehraufgabe überprüfen.

$657 - 236 = 121$

 richtig

✗ falsch

	1	2	1
+	2	3	6
	3	5	7

$657 - 236 = 421$

✗ richtig

falsch

	4	2	1
+	2	3	6
	6	5	7

Überprüfe mit der Umkehraufgabe.

$479 - 238 = 241$

✗ richtig

 falsch

	2	4	1
+	2	3	8
	4	7	9

$279 - 125 = 164$

 richtig

✗ falsch

	1	6	4
+	1	2	5
	2	8	9

$768 - 416 = 352$

✗ richtig

 falsch

	3	5	2
+	4	1	6
	7	6	8

$925 - 241 = 684$

✗ richtig

 falsch

	6	8	4
+	2	4	1
	1		
	9	2	5

www.jandorfverlag.de

Probe bei der Subtraktion

Überprüfe mit der Umkehraufgabe.

1

389 − 135 = 254

✗ richtig
○ falsch

	2	5	4
+	1	3	5
	3	8	9

748 − 275 = 453

○ richtig
✗ falsch

	4	5	3
+	2	7	5
		1	
	7	2	8

2 Kreuze an.

✗ Subtraktionsaufgaben kann ich mit der Umkehraufgabe überprüfen.

✗ Die Umkehraufgabe einer Subtraktionsaufgabe ist eine Additionsaufgabe.

○ Die Umkehraufgabe einer Subtraktionsaufgabe ist eine Subtraktionsaufgabe.

3

876 − 531 = 365

○ richtig
✗ falsch

	3	6	5
+	5	3	1
	8	9	6

542 − 346 = 196

✗ richtig
○ falsch

	1	9	6
+	3	4	6
		1	1
	5	4	2

963 − 278 = 685

✗ richtig
○ falsch

	6	8	5
+	2	7	8
		1	1
	9	6	3

674 − 528 = 144

○ richtig
✗ falsch

	1	4	4
+	5	2	8
		1	
	6	7	2

1

$157 + 99 = 256$
$157 + 100 - 1 = 256$

$384 + 398 = 782$
$384 + 400 - 2 = 782$

$682 + 198 = 880$
$682 + 200 - 2 = 880$

$266 + 199 = 465$
$266 + 200 - 1 = 465$

$437 + 197 = 634$
$437 + 200 - 3 = 634$

$176 + 498 = 674$
$176 + 500 - 2 = 674$

$345 + 299 = 644$
$345 + 300 - 1 = 644$

$657 + 299 = 956$
$657 + 300 - 1 = 956$

$568 + 297 = 865$
$568 + 300 - 3 = 865$

2

Kreuze an.

✗ $256 + 199$ hat das Ergebnis 455.

✗ $256 + 199$ hat das gleiche Ergebnis wie $256 + 200 - 1$.

✗ $256 + 200 - 1$ kann mir bei der Aufgabe $256 + 199$ helfen.

3

$334 + 298 = 632$
$285 + 199 = 484$
$357 + 299 = 656$

$465 + 298 = 763$
$328 + 598 = 926$
$376 + 299 = 675$

$773 + 199 = 972$
$487 + 399 = 886$
$278 + 198 = 476$

$455 + 297 = 752$
$137 + 699 = 836$
$543 + 398 = 941$

4

821	
523	298

751	
552	199

545	
348	197

863	
464	399

986	
187	799

72

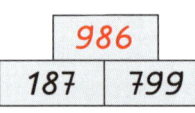

www.jandorfverlag.de

1

$176 - 99 = 77$	$546 - 398 = 148$	$973 - 598 = 375$
$176 - 100 + 1 = 77$	$546 - 400 + 2 = 148$	$973 - 600 + 2 = 375$

$453 - 199 = 254$ $815 - 198 = 617$ $734 - 197 = 537$
$453 - 200 + 1 = 254$ $815 - 200 + 2 = 617$ $734 - 200 + 3 = 537$

$964 - 397 = 567$ $632 - 499 = 133$ $921 - 499 = 422$
$964 - 400 + 3 = 567$ $632 - 500 + 1 = 133$ $921 - 500 + 1 = 422$

$784 - 399 = 385$ $837 - 298 = 539$ $963 - 699 = 264$
$784 - 400 + 1 = 385$ $837 - 300 + 2 = 539$ $963 - 700 + 1 = 264$

2 Kreuze an.

◯ $453 - 199$ hat das gleiche Ergebnis wie $453 - 200$.

✗ $453 - 199$ hat das gleiche Ergebnis wie $453 - 200 + 1$.

✗ $453 - 200 + 1$ kann mir bei der Aufgabe $453 - 199$ helfen.

200

199

3

$436 - 198 = 238$	$724 - 599 = 125$	$682 - 297 = 385$	$684 - 199 = 485$
$952 - 99 = 853$	$843 - 498 = 345$	$973 - 799 = 174$	$841 - 698 = 143$
$484 - 298 = 186$	$765 - 197 = 568$	$836 - 398 = 438$	$715 - 498 = 217$

Überschlage und kreuze an.

1

156 + 138 = ✗ 294 / 494

287 + 172 = 359 / ✗ 459

238 + 146 = ✗ 384 / 484

573 + 264 = ✗ 837 / 637

461 + 474 = 835 / ✗ 935

343 + 328 = 771 / ✗ 671

482 + 247 = ✗ 729 / 629

2

364 + 271 = 835 / ✗ 635

436 + 447 = 983 / ✗ 883

284 + 278 = ✗ 562 / 462

581 + 346 = 827 / ✗ 927

348 + 134 = ✗ 482 / 582

472 + 163 = ✗ 635 / 835

367 + 386 = 653 / ✗ 753

3

427 + 146 = 473 / ✗ 573

374 + 261 = ✗ 635 / 835

584 + 137 = 821 / ✗ 721

678 + 214 = ✗ 892 / 792

273 + 261 = 734 / ✗ 534

463 + 478 = 841 / ✗ 941

736 + 127 = ✗ 863 / 763

4

364 + 377 = ✗ 741 / 941

481 + 432 = 813 / ✗ 913

346 + 218 = ✗ 564 / 664

437 + 184 = 721 / ✗ 621

573 + 267 = ✗ 840 / 640

476 + 316 = ✗ 792 / 992

688 + 243 = 831 / ✗ 931

www.jandorfverlag.de

Finde zuerst die einfachen Paare und rechne geschickt.

1

$80 + 76 + 20 = 176$

$179 + 193 + 7 = 379$

$140 + 382 + 60 = 582$

$270 + 168 + 30 = 468$

$251 + 370 + 30 = 651$

2

$184 + 109 - 9 = 284$

$260 + 372 - 60 = 572$

$456 + 380 - 80 = 756$

$588 + 436 - 36 = 988$

$235 + 687 - 35 = 887$

3

$191 + 9 + 194 + 6 = 400$

$480 + 170 + 20 + 30 = 700$

$192 + 270 + 30 + 8 = 500$

$360 + 40 + 196 + 4 = 600$

$299 + 520 + 1 + 80 = 900$

4

Kreuze an.

 In der Aufgabe *179+193+7* ist ein einfaches Paar.

In der Aufgabe *179+193+188* ist ein einfaches Paar.

 Einfache Paare sollten zuerst gerechnet werden.

5

$198 + 45 + 2 = 245$

$230 + 182 + 70 = 482$

$453 + 280 + 20 = 753$

$160 + 471 + 40 = 671$

$589 + 294 + 6 = 889$

6

$160 + 74 - 60 = 174$

$283 + 108 - 8 = 383$

$472 + 250 - 50 = 672$

$380 + 145 - 80 = 445$

$154 + 467 - 67 = 554$

7

$210 + 120 - 10 + 80 = 400$

$395 + 507 + 5 - 7 = 900$

$170 + 340 + 60 - 70 = 500$

$453 + 370 - 53 + 30 = 800$

$284 + 450 + 50 - 84 = 700$

Wegen verschiedener möglicher Verfahren sind Überträge oder Entbündelungen nicht angegeben.

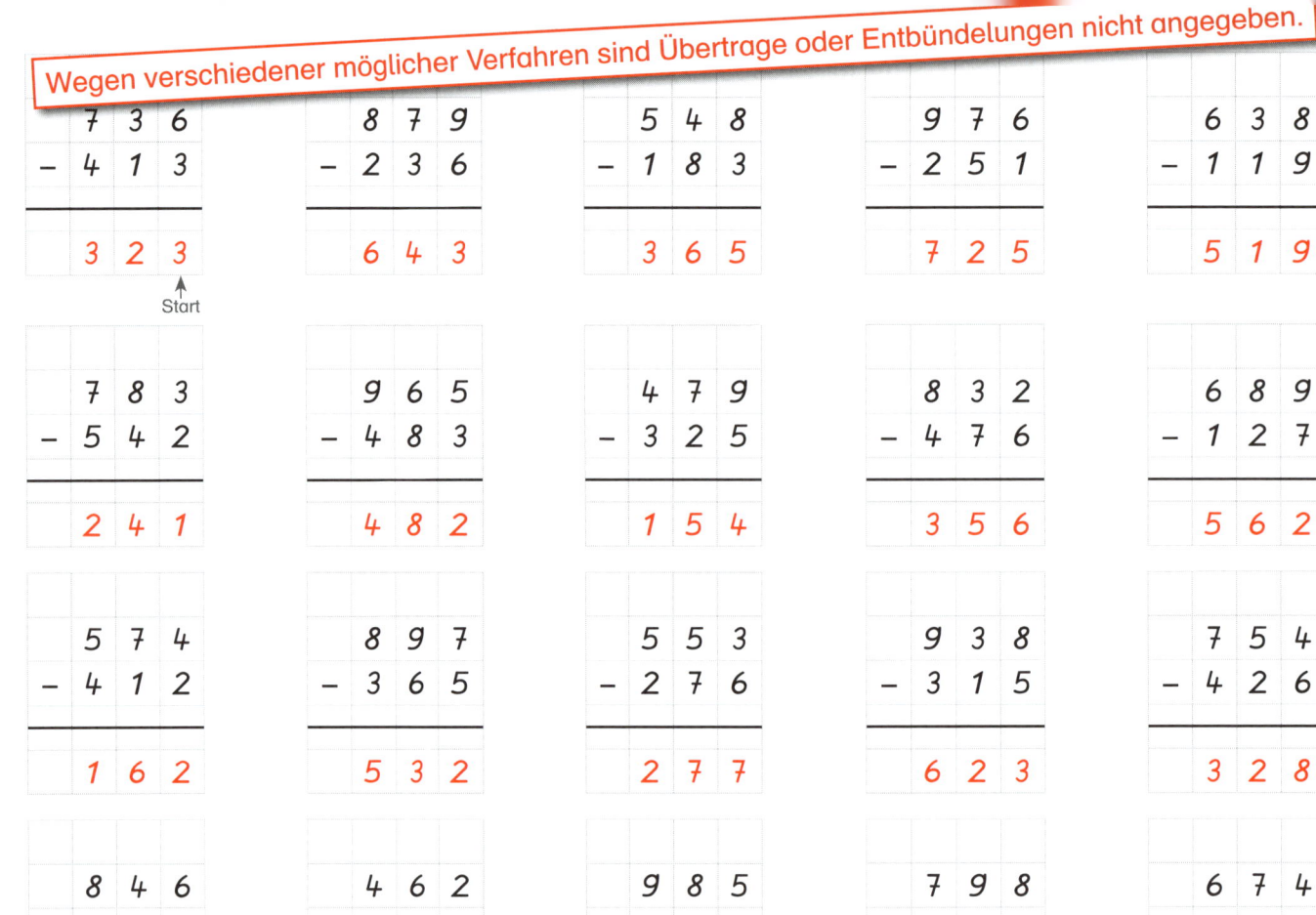

	7	3	6		8	7	9		5	4	8	
−	4	1	3	−	2	3	6	−	1	8	3	

1

```
    7 3 6        8 7 9        5 4 8        9 7 6        6 3 8
  − 4 1 3      − 2 3 6      − 1 8 3      − 2 5 1      − 1 1 9
  ───────      ───────      ───────      ───────      ───────
    3 2 3        6 4 3        3 6 5        7 2 5        5 1 9
      ↑
    Start
```

2

```
    7 8 3        9 6 5        4 7 9        8 3 2        6 8 9
  − 5 4 2      − 4 8 3      − 3 2 5      − 4 7 6      − 1 2 7
  ───────      ───────      ───────      ───────      ───────
    2 4 1        4 8 2        1 5 4        3 5 6        5 6 2
```

3

```
    5 7 4        8 9 7        5 5 3        9 3 8        7 5 4
  − 4 1 2      − 3 6 5      − 2 7 6      − 3 1 5      − 4 2 6
  ───────      ───────      ───────      ───────      ───────
    1 6 2        5 3 2        2 7 7        6 2 3        3 2 8
```

4

```
    8 4 6        4 6 2        9 8 5        7 9 8        6 7 4
  − 1 2 5      − 2 7 8      − 1 2 4      − 2 3 4      − 2 8 7
  ───────      ───────      ───────      ───────      ───────
    7 2 1        1 8 4        8 6 1        5 6 4        3 8 7
```

Schriftliche Subtraktion

Wegen verschiedener möglicher Verfahren sind Überträge oder Entbündelungen nicht angegeben.

1

$$
\begin{array}{r} 567 \\ -\ 327 \\ \hline 240 \end{array}
\qquad
\begin{array}{r} 846 \\ -\ 245 \\ \hline 601 \end{array}
\qquad
\begin{array}{r} 457 \\ -\ 425 \\ \hline 32 \end{array}
\qquad
\begin{array}{r} 397 \\ -\ 352 \\ \hline 45 \end{array}
\qquad
\begin{array}{r} 628 \\ -\ 564 \\ \hline 64 \end{array}
$$

Start

2

$$
\begin{array}{r} 986 \\ -\ 54 \\ \hline 932 \end{array}
\qquad
\begin{array}{r} 547 \\ -\ 72 \\ \hline 475 \end{array}
\qquad
\begin{array}{r} 949 \\ -\ 66 \\ \hline 883 \end{array}
\qquad
\begin{array}{r} 426 \\ -\ 398 \\ \hline 28 \end{array}
\qquad
\begin{array}{r} 932 \\ -\ 198 \\ \hline 734 \end{array}
$$

3

$$
\begin{array}{r} 627 \\ -\ 301 \\ \hline 326 \end{array}
\qquad
\begin{array}{r} 753 \\ -\ 208 \\ \hline 545 \end{array}
\qquad
\begin{array}{r} 863 \\ -\ 140 \\ \hline 723 \end{array}
\qquad
\begin{array}{r} 769 \\ -\ 506 \\ \hline 263 \end{array}
\qquad
\begin{array}{r} 945 \\ -\ 306 \\ \hline 639 \end{array}
$$

4

$$
\begin{array}{r} 850 \\ -\ 425 \\ \hline 425 \end{array}
\qquad
\begin{array}{r} 490 \\ -\ 312 \\ \hline 178 \end{array}
\qquad
\begin{array}{r} 860 \\ -\ 328 \\ \hline 532 \end{array}
\qquad
\begin{array}{r} 601 \\ -\ 243 \\ \hline 358 \end{array}
\qquad
\begin{array}{r} 700 \\ -\ 431 \\ \hline 269 \end{array}
$$

Überschlage und kreuze an.

1

$662 - 237 =$ ✖ 425 / ○ 325

$746 - 462 =$ ○ 484 / ✖ 284

$973 - 138 =$ ○ 735 / ✖ 835

$834 - 471 =$ ○ 263 / ✖ 363

$684 - 146 =$ ✖ 538 / ○ 438

$428 - 231 =$ ○ 297 / ✖ 197

$567 - 288 =$ ✖ 279 / ○ 179

2

$528 - 163 =$ ○ 465 / ✖ 365

$934 - 247 =$ ✖ 687 / ○ 887

$762 - 538 =$ ✖ 224 / ○ 124

$817 - 243 =$ ✖ 574 / ○ 774

$646 - 472 =$ ✖ 174 / ○ 374

$483 - 174 =$ ○ 209 / ✖ 309

$834 - 386 =$ ○ 648 / ✖ 448

3

$681 - 173 =$ ✖ 508 / ○ 408

$523 - 246 =$ ✖ 277 / ○ 177

$936 - 162 =$ ○ 674 / ✖ 774

$764 - 328 =$ ○ 636 / ✖ 436

$846 - 487 =$ ○ 259 / ✖ 359

$972 - 314 =$ ○ 458 / ✖ 658

$467 - 278 =$ ○ 289 / ✖ 189

4

$867 - 248 =$ ✖ 619 / ○ 519

$713 - 567 =$ ✖ 146 / ○ 346

$528 - 132 =$ ✖ 396 / ○ 296

$631 - 474 =$ ✖ 157 / ○ 357

$872 - 326 =$ ○ 746 / ✖ 546

$946 - 687 =$ ✖ 259 / ○ 159

$724 - 238 =$ ✖ 486 / ○ 686

Überschlagen

1

$124 - 123 = 1$	$201 - 198 = 3$	$734 - 729 = 5$	$586 - 585 = 1$
$123 + 1 = 124$	$198 + 3 = 201$	$729 + 5 = 734$	$585 + 1 = 586$

$348 - 347 = 1$	$461 - 459 = 2$	$301 - 299 = 2$	$671 - 667 = 4$
$347 + 1 = 348$	$459 + 2 = 461$	$299 + 2 = 301$	$667 + 4 = 671$

2 Kreuze an.

✗ $201-198$ hat das Ergebnis 3.

✗ $198+3$ hat das Ergebnis 201.

✗ $198+3=201$ kann mir bei der Aufgabe $201-198$ helfen.

3

$102 - 99 = 3$	$628 - 627 = 1$	$401 - 399 = 2$	$301 - 298 = 3$
$216 - 215 = 1$	$443 - 439 = 4$	$956 - 955 = 1$	$572 - 567 = 5$
$391 - 389 = 2$	$901 - 898 = 3$	$791 - 789 = 2$	$601 - 598 = 3$

4

–	567	565	566	563	564
568	1	3	2	5	4

–	635	633	636	632	634
637	2	4	1	5	3

–	349	350	347	348	351
352	3	2	5	4	1

–	797	800	796	798	799
801	4	1	5	3	2

·	11	12	13	14	15	16	17	18	19	20
0	0	0	0	0	0	0	0	0	0	0
1	11	12	13	14	15	16	17	18	19	20
2	22	24	26	28	30	32	34	36	38	40
3	33	36	39	42	45	48	51	54	57	60
4	44	48	52	56	60	64	68	72	76	80
5	55	60	65	70	75	80	85	90	95	100
6	66	72	78	84	90	96	102	108	114	120
7	77	84	91	98	105	112	119	126	133	140
8	88	96	104	112	120	128	136	144	152	160
9	99	108	117	126	135	144	153	162	171	180
10	110	120	130	140	150	160	170	180	190	200

Einmaleins-Tabelle

www.jandorfverlag.de